護憲派のための軍事入門

山田 朗

花伝社

『護憲派のための軍事入門』目　次

はじめに――この本がめざすこと　5

第1章　戦争と軍事を見るための視点　13

1　戦争と報道　13
2　戦争を準備するためには――ハード・システム・ソフト　19
3　戦争をするためには――もの・ひと・かね　26

第2章　ハード：日本の軍事力――自衛隊の現在　33

1　自衛隊の世界ランキング　33
2　日本の軍事費と戦力の変遷　39
3　現在の自衛隊戦力（武器）の特徴　42
4　「おおすみ」型輸送艦に見るハード先行　48
5　新型護衛艦〈16DDH〉はヘリコプター軽空母　54

第3章　システム：進行する戦争体制づくり　65

1　冷戦時のシナリオと自衛隊の役割　65
2　冷戦シナリオの崩壊と自衛隊の海外展開の開始　69
3　日本の戦時システムの構築――有事法制の成立　74

第4章　ソフト：憲法第9条vs戦争肯定論　77

1 　憲法第9条の理念と憲法解釈の変遷　77
2 　〈有事法制〉をめぐる攻防　86
3 　軍事力構築計画としての「防衛計画の大綱」　96
4 　改憲の動き──〈戦争ができる〉ためのソフトづくり　108

第5章　現在にいたる日本の戦争と軍事力の歴史　119

1 　戦前の軍拡と戦争の歴史　119
2 　戦後の軍拡──在日米軍と自衛隊　137
3 　アジアと日本をめぐる現在の軍事情勢　152

第6章　現代軍事の基礎知識：Q＆A　163

Q1 　自衛隊は〈戦力〉ではないのか？　163
Q2 　本当に軍事力は必要か？　163
Q3 　そうは言っても〈脅威〉はないのか？　164
Q4 　それでも北朝鮮が攻撃してくる恐れはないのか？　165
Q5 　北朝鮮の言いなりになるのが得策なのか？　166
Q6 　憲法が「改正」されて自衛隊を軍隊にするとどうなるのか？　167
Q7 　自衛隊が軍隊になるとやはり徴兵制がしかれるのか？　168
Q8 　なぜ、日本が軍縮しなければならないのか？　168
Q9 　日本の軍事力をこれからどうすればよいのか？　169
Q10 日米安保条約はなくならないのか？　170

Q 11 アメリカの核の傘が戦争を抑止しているのでは？　171
Q 12 〈戦争の克服〉と〈軍縮〉は可能か？　172

戦争と軍事を知るための用語集　175

戦前（アジア太平洋戦争以前）の用語　175
戦後および戦前・戦後を通じての用語　196

おわりに――あらためて９条の重要性を訴える　223

はじめに ──この本がめざすこと──

◆平和を求めるための軍事入門

　この本は、ふだん「戦争には反対だ」、「自衛隊の海外派遣には問題があるのでは」と思っているけれども、いざ、戦争や軍事問題について発言しようとすると、「どうも自信がない」、「どのように見たらわからない」という人のために、現代の戦争や軍事問題を考えるための基礎的な知識と見方を提供しようとするものです。

　世の中には、戦争や軍事（軍隊や兵器）についてとても詳しい人がいます。戦争や紛争が起こるとテレビには「軍事評論家」という肩書きの人たちが登場し、戦術（戦闘のやり方）や兵器の種類や性能などについていろいろと解説してくれます。

　しかし、この本は、決して「軍事評論家」や軍事マニアを養成するためのものではありません。全てとは言いませんが、「軍事評論家」や軍事マニアといわれる人の多くは、戦争や軍事力を使ったパワーポリティクス（威圧・威嚇による外交）には批判的ではありません。批判的でないどころか、そういったことを肯定し、日本国憲法第９条を「改正」して、「日本も正規の軍隊をもつべきだ」とか「日本ももっと強力な兵器（たとえば核兵器・航空母艦・長距離爆撃機・長距離ミサイルなど）をもつべきだ」と主張する人も少なくありません。一般に、そ

ういった〈軍事に詳しい人〉たちは、アメリカ合衆国の軍事力を基準にして軍事力を論じがちです。私たちもテレビのニュースでアメリカの航空母艦や戦闘機を見ても、それほど違和感を感じなくなっていますが、アメリカの軍事力は、世界的に見てきわめて特異な存在であり、この国を基準に軍事を見ては判断を誤ってしまいます。

　なぜなら、SIPRI（ストックホルム国際平和研究所）（**太字**は、巻末の「戦争と軍事を知るための用語集」を参照、以下同じ）の推計によれば、現在（2004年度が最新のデータです）、世界中で軍事費が公表されていたり、推計が可能な160か国で1年間に使われている軍事費の総額は9973億2100万ドル（約108兆7080億円／1ドル109円で換算）という膨大な金額にのぼりますが[1]、その世界の軍事費のうちアメリカはたった1国だけで、4666億ドル（約50兆859億円）、すなわち世界の軍事費の半分ちかくの47％を支出しているという桁外れの超軍事大国なのです。世界の軍事費ランキングは第2章であらためて確認しますが、軍事費トップテンの国のうち、アメリカを除く9か国をあわせても2794億1800万ドル（約30兆457億円）で、アメリカは他の9か国の合計の1.67倍もの軍事費を使っているのです。現代のアメリカが、とてつもない存在であることが分かります。このようなきわめて特殊な国を基準にして軍事を見ることは、知らず知らずのうちに、偏った位置からものを見ることになってしまいます。

　それでは、この本は、誰のための、何のための軍事の本なのかと言いますと、平和を求め、戦争や軍事力を使ったパワーポ

リティクスに反対する人、すなわち「日本国憲法第9条にもとづいて平和な世界を」と考える人のための、戦争とパワーポリティクスを克服するための軍事入門書なのです。

◆なぜ、戦争と軍事を知る必要があるのか

ところで、「戦争に反対し平和を求めるためには、平和について論じるべきで、戦争や軍事の詳しい知識などは不要ではないのか」と言う人もいます。もちろん、平和を求めるならば、平和について論じるべきで、その点は正しいと思います。けれども、戦争や軍事について知らないよりは、知っていた方がよいことも確かです。なぜなら、戦争や軍事力による威圧・威嚇で問題を解決しようとするのは、人類の厄介な（「不治の」とはあえて言いませんが）病気のようなものだからです。病気を治すためには、あるいは病気にかからないためには、病気についての正確な知識を持っていた方が、持っていないよりも良いに決まっています。

私は、日本の現代史とりわけ戦争や軍事（軍備拡張）の歴史について調査・研究することを仕事にしていて、『軍備拡張の近代史』といった本なども書いています。ところが、よく「山田さんは戦争や兵器が好きなんでしょ」とか「『丸』の愛読者ですか」などと質問されることがあります。これは、私の話がつたなかったり、マニアっぽく聞こえるからかもしれませんし、研究者（そもそもマニアの一種かもしれませんが）というのはたいてい自分が魅力を感じているもの、好きなものを研究していることが多いからかもしれません。確かに文科系の研究者と

いうのは、自分が好きなことを研究している人が多いでしょう。『源氏物語』など読みたくないという人が『源氏物語』の専門研究者であることはありえないことですし、考古学の専門家は遺跡や遺物（土器などの出土品）に愛着をもっているのが普通です。その考え方でいくと、戦争や軍事について専門的に調べたり、研究したりしている人は、やはり戦争や軍事のことが好きなのだと思われても仕方ありませんし、事実、そういったものが好きな人がいることも確かです。

　しかし、同じ研究者でも、ガンの研究者というのはどうでしょうか。ひょっとすると、「ガン細胞の構造や性質が好きだ」「自分が宿った母体が滅ぶまで増殖するガン細胞に自虐的な美を感ずる」という人もいるのかもしれませんが、おそらくたいていのガン研究者はガンのメカニズムと治療法を詳しく研究してガンという病気を克服し、人類をガンの脅威から解放しようとして研究しているのだと思います。私は、戦争や軍事の研究についても、このガンの研究と似たようなスタンスに立つ研究があり得ると思っています。つまり、戦争や軍事が好きだから研究するというのではなく、戦争や軍事（とりわけ軍備拡張）という人類の厄介な病気を克服するために、そのメカニズムと過去の事例について詳しく研究するというスタンスです。厄介な病気を克服したり、予防するためには、その病気にかからないように祈っているだけでは不十分だということです（もちろん宗教や祈るという行為を否定しているわけではありません）。また、「戦争や軍事的なことなんかなくなってしまえ」と叫んでみても、それだけではどうにもならないのではないでしょ

はじめに

か(時には大声で叫ぶこともストレス解消にはよいことですが)。やはり、戦争と軍事という私たち人類にとって実に厄介な難物を克服するためには、あるいは少しでも戦争や軍事に頼らない世界を作るためには、その元凶である戦争と軍事について、メカニズムと過去の教訓を知っておいた方が良いと思います。

◆戦争と軍拡の歴史から学ぶことの大切さ

　この本は、基本的に、現代の戦争と軍事についての入門書ですが、過去の戦争と軍備拡張の歴史にもふれたいと思っています。現代のことを考えるのに、「別に昔の話なんか聞かなくても」と言う人もいるかもしれませんが、歴史から学ぶということは大切なことなのです。

　多くの人は、小学校から高校までの間に、あるいは大学で日本の歴史や世界の歴史について勉強します。歴史が好きな人も、嫌いな人もいるでしょう。歴史が好きな人は、たいてい過去に起こった事件や過去の人物について好奇心を持っている人で、過去の事柄について知ることに面白さを感じる人でしょう。また、歴史が好きでないという人は、過去のことを知ることにあまり意味を見いださないか、あまり関心がない人、あるいは年号だとか人名とかいったものを覚えるのが面倒だと思っている人でしょう。

　私は、日本の歴史を教えることで大学から給料をもらっている人間ですから、多くの人に歴史を好きになってもらいたいと、どうしても考えてしまうのですが、やはり歴史から学ぶという

ことはとても大切なことだと思っています。なぜなら、人類は、自分自身の体験以外から学ぶことができるおそらく唯一の動物だからです。私たち人類は、戦争に直面するたびに、「戦争はやってみなければ、どんな結果になるのか分からない」などと考える必要がないほど、過去にさまざまな戦争の事例を膨大に経験してきているのです。戦争に関しては多くの記録や証言が残されており、私たちは直接に自分で体験しなくても、過去の人々のさまざまな経験や、時には過去の人々が尊い生命まで失って得た教訓から多くのことを学んだり、考えたりすることができるのです。過去の歴史から教訓や一定の法則性のようなものを見いだして、それを自分たちの将来のために生かすことができるのが、私たち人類の知恵であると言えます。

歴史学というと、過去のことを調べる学問だと思っている人も多いようですが（もちろん、そういった性格もありますが）、歴史学というのは、過去の歴史という〈鏡〉をつかって、現代人が見えなくなっているところを気付かせたり、あるいは、過去の人々が得た経験や教訓から、私たちはこのように歩むべきだとか、逆に、あのように歩むべきではないといったことを考える材料を提供する学問でもあるのです。つまり、過去の人々の経験や教訓の巨大な宝庫である歴史に学びながら、私たちの未来の社会を構想するというのも、歴史学の重要な側面なのだと言えるでしょう。

ところで、人類は過去の経験（歴史）から学ぶことができる唯一の動物だ、と言いましたが、それだから、人類は失敗をくり返さないのかと言えば、残念ながらそうでもないのです。常

に私たちが歴史から正しく教訓を導き出せるわけではありませんし、人類は歴史から学ぶという叡智を持っていると同時に、どんなに貴重な経験や教訓であっても、それをしばしば忘れてしまったり、軽視したり、時には、過去の失敗を強引に「失敗ではなく、むしろ成功したのだ」といった奇妙な総括をしてしまうというこれまた厄介な弱点をもっているのです。

◆この本の流れ（構成）について

以上、述べてきたように、この本は、平和を求めるための、戦争に反対するための軍事入門で、現在の軍事的諸問題だけでなく過去にさかのぼって戦争と軍備拡張について論じていくものです。

ここで簡単に、あらかじめこの本の組み立て方（構成）について述べておきましょう。まず、第１章では本全体のイントロダクションとして、私たちが戦争と軍事を見るためには、あるいは、戦争に関する報道に接する時にどういったところに目を付けたらよいのかを示しています。ここでのポイントは、軍事というものをハード（兵器・設備）・システム（制度・法律）・ソフト（戦略・人材）という３つの要素に分けて考えると理解しやすいということです。そして、これに続く第２章〜第４章が、日本の軍事問題に関する現状分析です。第２章ではハードを、つまり日本の軍事力である自衛隊の現状について、第３章ではシステムを、つまり日米安保体制という国際的な枠組みと進行しつつある〈戦争ができる国家体制〉づくりについて、第４章ではソフトを、つまり強まりつつある〈改憲〉の動きにつ

いて見ていきます。第5章では、戦前・戦後の歴史をふり返りながら、過去の軍備拡張と戦争の歴史から何を私たちは教訓として汲み取るべきなのかを示します。そして、いったん歴史的な問題に触れた上で、もう一度、現状分析にもどり、アジアと日本をめぐる現在の軍事情勢について、軍拡の連鎖が起こると何がどう厄介なのかを説明します。それから第6章は、Q&A形式で、現代の戦争と軍事の基礎知識について、「本当に軍隊は必要なのか？」といったところから、〈改憲〉によって「自衛隊が正式の軍隊になるとどうなるのか？」といったところまでを述べていきます。最後は、〈戦争と軍事を知るための用語集〉になっています。この本の中で、太字で示された戦争と軍事に関する言葉は、この用語集で説明してありますので、参照してください。また、本文中には出てこない言葉も必要に応じて載せてあります。そして、最後の「おわりに」では再度、日本国憲法第9条の重要性についてふれておくことにします。

(1) SIPRI, *SIPRI Yearbook 2004, Armaments, Disarmament and International Security* (Oxford University Press, 2005), pp.356-361 より集計。なお、2003年度においても、推計が可能な162か国で1年間に使われている軍事費の総額は8608億1900万ドル（約90兆3860億円／1ドル107円で換算）という膨大な金額にのぼり、その世界の軍事費のうちアメリカは国だけで、4173億6300万ドル、すなわち世界の軍事費の半分ちかくの48％を支出しています。SIPRI, *SIPRI Yearbook 2004, Armaments, Disarmament and International Security* (Oxford University Press, 2004), pp.350-355 より集計。

第1章　戦争と軍事を見るための視点

　ここでは現代の戦争と軍事について見るためのイントロダクションとして、私たちが戦争と軍事を見るためには、あるいは、戦争に関する報道に接する時にどういったところに目を付けたらよいのか、国家が戦争をするためには、その準備としてどのような体制をつくろうとするのか、〈戦争遂行のための3要素〉であるソフト（戦略・人材）・システム（制度・法律）・ハード（兵器・設備）という3つの要素に分けて考えます。また、実際の戦争や軍事問題を単に〈数量化された現有戦力〉だけから見るのではなく、その背後に隠された〈戦力造成のための3要素〉に着目して説明します。

1　戦争と報道

◆自分の眼で確かめてもだまされる

　現代は映像メディアの時代です。ですから、世界のどこかで**戦争や紛争**が起きれば、すぐにテレビの映像として私たちはその現場を見ることができます。リアルタイムで戦場の映像が世界中に流されるというのは、1991年に起きた湾岸戦争（アメリカを中心とした多国籍軍によるイラク攻撃）の時から始まりました。この時は、多国籍軍の空爆を受けるバグダッド（イラ

写真1　パトリオットミサイル

クの首都）の様子からミサイルや爆弾が目標に命中する瞬間まで、テレビに映し出されました。つまり、私たちは自分自身の眼で、〈ハイテク戦争〉の現場を確かめることができたのです。

　そういった湾岸戦争の際の映像の中で、このようなものがありました。湾岸戦争では、多国籍軍から激しい空爆を受けたイラク側は、その報復としてイスラエルやペルシャ湾沿岸のアメリカ軍基地に向けて**スカッドミサイル**という中距離弾道ミサイルを撃ち込みました。それに対してアメリカ軍は、地上に配備した**パトリオットミサイル**という地対空ミサイル（写真1）を発射して、上空から落下してくるイラクのスカッドミサイルを次々と撃ち落としたのです。夜空にパトリオットミサイルの炎（噴射炎）が上昇していき、上空でスカッドミサイルの弾頭に命中して花火のように炸裂する映像がテレビでも流されました。アメリカのCNNテレビなどでは、夜空に炸裂するパトリオットミサイルの映像をくり返し放映しながら、イラク側のスカッドミサイルは次々と撃ち落とされているという説明をしていました。日本のテレビでも同じような説明を入れて、そのミサイル撃墜場面を放映していまし

第1章　戦争と軍事を見るための視点

た。私たちも自分自身の眼で、夜空に炸裂して飛び散るスカッドミサイルの火花を見て、イラク側の反撃が失敗しつつあることを確認したのです。

ところが、湾岸戦争後しばらくたって、アメリカ軍自身の調査によって明らかにされたのは、湾岸戦争当時、アメリカ側のパトリオットミサイルによって撃ち落とされたイラク側のスカッドミサイルはほとんどなかった、ということでした。それでは、私たちが自分自身の眼で確認した、あの夜空に炸裂する火花は何だったのでしょうか。あれはインチキ映像だったのでしょうか。いや、そうではないのです。実は、夜空に炸裂した火花は、確かにパトリオットミサイルが空中で爆発した火花だったのですが、それは別に落下してくるスカッドミサイルに命中したためではなかったのです。というのは、そもそも、パトリオットミサイル（PAC-2）というのは、目標近くまで接近すると自動的に炸裂し、その破片によって近くを通過する航空機やミサイルを破壊する仕組みになっているのです。ですから、空中でパトリオットミサイルが火花を散らして炸裂したのは、自動的にそうなるようになっていただけで、その炸裂の結果、落下してくるスカッドミサイルの弾頭を破壊できたかどうかはまったく別問題だったのです。つまり、命中するにせよ、しないにせよ、目標の近くでパトリオットミサイルは炸裂するわけで、その爆発によって、実際には、落下してくるスカッドミサイルの弾頭が破壊されたことはほとんどなかったということなのです。

おそらく、湾岸戦争の当時も、アメリカのパトリオット部隊

の軍人やその関係の軍事専門家は、テレビに映し出されたパトリオットミサイルの炸裂が、目標に命中したものとはとらえていなかったはずです。しかし、それは明らかにテレビなどのマスコミには説明されていなかったのです。テレビは、夜空に炸裂するパトリオットミサイルを映して、スカッドミサイルに命中したといった説明をつけて放送し、それを見ていた私たちは、自分自身の眼で、スカッドミサイル撃墜の瞬間を目撃した、と思いこんでいたわけです。

◆〈情報戦〉に組み込まれたテレビ報道

このテレビによるスカッドミサイル「撃墜」映像(実はパトリオットミサイルが炸裂しただけのこと)は、単にテレビが間違った説明をした、というレベルの問題ではなく、〈戦争と報道〉についての根本的な問題を私たちにあらためて示しているのです。それはどういうことかと言えば、戦争中に発表される情報は、その多くが〈情報戦〉のために意図的に発信されるものだ、ということです。よく、「自分の眼で見たことでないと信じられない」という人がいますが、このパトリオットミサイルの例は、自分の眼で確かめていながら、多くの人が全く事実とは異なったことを信じ込まされていた、という点で、戦争中には「自分の眼で見たこと」でもすぐに信用してはならないということを示しています。

戦争中だけでなく、軍事に関する情報というのは、そういった情報が流されること自体が、〈情報戦〉の一環であり、その情報が〈味方〉の士気を高揚させたり、逆に〈敵〉の戦意を喪

第1章　戦争と軍事を見るための視点

失させたりする面があるのです。おそらく、湾岸戦争当時のアメリカ軍当局は、さきほどのパトリオットミサイルとスカッドミサイルの真相を当初からある程度知りながら、マスコミにはスカッドミサイル「撃墜」という報道をさせていたのでしょう。そうすると、当然のことながら、スカッドミサイルの攻撃を受けているアメリカ・イスラエル側は、イラク側の攻撃を阻止しているということで士気は大いにあがるでしょうし、逆にイラク側の戦意は低下することは間違いありません。これは、テレビという「ありのままの映像」を伝えると誰もが信じているメディアを通じて、アメリカ側が巧みな〈情報戦〉を実施した事例です。

◆戦闘前に「敵精鋭部隊は全滅」と発表

　マスコミを使った〈情報戦〉については、もう一つ湾岸戦争（1991年）の事例を紹介しておきましょう。1991年1月に多国籍軍の空爆によって始まった湾岸戦争は、2月24日に地上戦に突入、28日には停戦となります。この地上戦の「最終段階をむかえた」と言われていた2月27日に、多国籍軍のシュワルツコフ総司令官は記者会見で、アメリカ軍部隊がバスラ近郊でイラクの最精鋭部隊である大統領警護隊（戦車部隊）を粉砕したと述べました。また、多国籍軍スポークスマンも「大統領警護隊は全滅状態である」と発表したのです。ところが、実は、この時点ではまだアメリカ軍部隊とイラクの大統領警護隊の間ではまったく戦闘が行われていなかったのです。実際に米軍部隊が、はじめて大統領警護隊と接触したのは、「全滅」発

表があった翌日の28日早朝で、その日のうちに停戦になってしまったので、アメリカ軍と大統領警護隊の間での実際の戦闘はほとんどおこなわれなかったのです。

　それでは、多国籍軍による大統領警護隊「粉砕」「全滅」の発表は誤報であったのかといえばそうではなく、あきらかに仕組まれた〈情報戦〉であったのです。地上戦に先立つ大規模な空爆と2月24日に始まった地上戦によって、大きな損害を受けていたイラク軍は、空軍をイランに退避させ、精鋭の地上部隊も前線から後退させて戦力を温存しようとしていました。緒戦における損害と精鋭部隊の退却によって、イラク政府軍はかなり動揺していました。そこに多国籍軍による大統領警護隊「粉砕」「全滅」の発表があったのです。この発表はマスコミやイラク軍内の情報網によってイラク軍内にも直ちに伝わりました。イラク軍将兵にしてみれば、最精鋭部隊である大統領警護隊が「全滅」してしまったのならば、もう打つ手がありません。前線では、イラク軍兵士の大量投降が始まり、イラク軍の戦意は急速に崩壊し、それにあわせてアメリカ側は停戦を通告したのです。イラク軍は、現実にはかなりの戦力を温存しながらも、アメリカ側のマスコミを使った〈情報戦〉によって、内部から崩壊をとげたのです。

　スカッドミサイル「撃墜」といい、この大統領警護隊「全滅」といい、真相は後から分かるのですが、その時にはもう戦争はアメリカ側の大勝利に終わった後で、ウソ発表については誰かが責任を問われた形跡はありません。むしろ、責任を問われたどころか、この〈情報戦〉は、アメリカにとっては大成功

をおさめたわけですから、このケースにかかわった人たちの評価は上がったものと思われます。

湾岸戦争を事例にして〈戦争と報道〉ということにふれてみました。このことで私たちが確認しておかなければならないことは、戦争や軍事についてリアルタイムで流される情報というものは、〈情報戦〉の要素が含まれているので、たやすく信じ込んではならない、ということです。

2　戦争を準備するためには
―― ハード・システム・ソフト ――

◆〈戦争遂行のための3要素〉とは

戦争や軍事に関するニュースは、たとえ自分自身の眼で確認したことであっても、これは〈情報戦〉の一環ではないかと疑ってみましょう、ということを述べたわけですが、ただ疑っているばかりでは、現実の戦争や軍備拡張の実態を分析することはできません。

それでは、戦争や軍事という問題は、どういうふうに見たらよいのでしょうか。戦争も軍事という問題も、私たちが観察するには、あまりにも大きな対象ですから、とりあえずいくつかのパートに分割したうえで検討し、その上でパートどうしの関係を確認しながら、戦争や軍事の全体像を考えていくと良いと思います。

まず、国家が戦争を行うためにはどのような要素が必要なのか、という観点からすると、とりあえず〈戦争遂行のための3

要素〉に分けて考えてみると分かりやすいです。〈戦争遂行のための3要素〉というのは、国家と戦争との関係を歴史学的に検討する場合に、国家が戦争にどれほど対応できるのか、あるいは能動的に戦争を遂行できるのかを考察するための以下の3つの要素のことです。

① 戦争をするためのソフトウェア（人材・価値観・戦略）
② 兵器と人員を動員・統制するためのシステム（法律・制度・組織）
③ 戦争をするためのハードウェア（兵器体系・設備）

　これら〈戦争遂行のための3要素〉すなわち、戦争をするためのハード・システム・ソフトの〈三要素〉は、あえて順番から言えば、「①ソフト→②システム→③ハード」という順番に形成されていくものです。これは、あくまでも一般的には、理屈のうえではそうなる、ということです。
　つまり、まず最初に、戦争を行うことを良いことだ（やむを得ぬことだ）とする価値観や、どこどこの国が〈脅威〉だからそれと対決していこうという具体的な戦略論がまずあり、それに基づく人材（職業軍人や一般国民から成る兵士）の養成が軍隊内部や学校においておこなわれます。そして次に、それらのソフト（価値観・戦略・人材）にもとづいて戦争をおこなうための法律や制度、さらには組織などのシステムが作られます。システムが整い始めると、その後、戦略に対応した兵器体系や戦争のための設備（ハード）が整備される、ということになり

ます。つまり、〈戦争遂行のための3要素〉は、〈戦略→制度→兵器体系〉あるいは〈戦略→制度〉〈戦略→兵器体系〉という順番で、作り上げられていくということです。

◆近代日本におけるハード・システム・ソフト

この〈戦争遂行のための3要素〉の形成を、近代日本を例にして説明してみるとこうなります。江戸幕府を倒し、明治維新を実現した政治家たちは、日本が欧米列強に対抗して独立を維持していくために、早急に欧米式の軍隊を作ることをめざしました。その際、彼らは、日本の独立を危うくする最大の要因は、大国ロシアの南下にあると考えました。当時、日本政府の外交に大きな影響を与え、判断の基礎になる情報を提供していたのはイギリスでした。ロシアを最大の敵と考えていたイギリスは、日本の政治家・軍人にも多くの反ロシア情報（ロシアが脅威であるとする情報）を吹き込みました。明治維新から3年しかたっていない1871年（明治4年）に、新しい軍隊を構築する責任者であった**山県有朋**らが作成して政府に提出した「軍備意見書」[1]という文書では、ロシアの南下の脅威に備えるために、徴兵制をしき、西洋式の軍事思想と制度を導入するとともに軍幹部の養成学校を設置し、武器庫に武器を満たしておかなければならないと主張されています。

山県らの意見書は、政府に採用されるところとなり、このあと山県らが主張したように、1873年に徴兵制がしかれ、軍隊の幹部養成学校である陸軍士官学校が1874年に、海軍兵学校が1876年に設立されました。また、この意見書よりも前に、

政府は、強力な陸軍・海軍建設のために、以後、陸軍はフランスを、海軍はイギリスを模範とする、という**模範兵制**を決めており、1872年には陸軍省と海軍省が設置されています。つまり、〈ロシア脅威論〉にもとづいて、西洋式の軍隊を急速に作らなければならないという戦略思想（ソフト）がまず形成され、そのソフトにもとづいて、徴兵令といった法律、徴兵制といった制度、中央官庁や人材養成機関といった組織、すなわちシステムが作られたのです。

　新しいシステムができると、新たなソフトもまた生まれてきます。例えば、システムとしての陸軍省・参謀本部・海軍省・海軍軍令部といった中央の組織が整うと、新しい戦略・作戦といったソフトが作られますし、人材養成機関（システム）が機能し始めると、新しいソフトを生み出す源である人材そのものが育ってきます。このように、ソフトとシステムは、相互に影響しあいながら変化をとげ、今度は、ハード（戦争のための兵器・設備）を生み出していきます。

　明治時代の日露戦争までは、日本軍の兵器はほとんど外国から輸入したものでした。陸軍の歩兵が使う小銃、あるいは大砲の一部は、ドイツやフランスの銃砲を参考にしてなんとか国産化していましたが、海軍の主力である戦艦や装甲巡洋艦は主にイギリスに注文して製造されたものでした。したがって、日露戦争までの日本軍のハードは、かならずしも、日本独自のソフト・システムの影響のもとに作られたものではありませんでしたが、日露戦争がおわると、日本軍に多くの経験が蓄積され、また、日露戦争の教訓から、従来の直輸入のソフト（軍事

写真2　銃剣を装着した陸上自衛隊の89式小銃

思想）にかわって自前のソフトが形成され、システムの変更が行われ、そして、独自のハードが生み出されていくことになります。

　詳しくは、「第5章　日本の軍事力と戦争の歴史」で述べますが、日露戦争の教訓から、陸軍の軍事思想（ソフト）は極端な白兵至上主義に、海軍のそれは艦隊決戦主義に傾きます。白兵至上主義の「白兵」とは、刀や槍などをもった兵士のことを指しますが、この時代ではさすがに刀と槍では戦えませんので、この場合の「白兵」とは、小銃の先につけた銃剣（**写真2**）のことを意味しています。つまり、白兵至上主義とは、地上戦闘に最終的な決着をつけるのは、歩兵による銃剣突撃であり、その他の兵種（騎兵・砲兵・工兵、のちには戦車兵など）はすべて、歩兵の銃剣突撃を助けるための存在である、とする考え方（ソフト）です。また、海軍の艦隊決戦主義とは、戦争に決着をつけるのは、戦艦を中心とする主力艦隊どうしの一回の決戦であり、戦争の勝敗は一回の戦闘でほぼ決まってしまう、とする考え方（ソフト）です。このような陸軍・海軍のソフトから、独特の兵器体系（ハード）が生まれてきます。つまり、陸

軍では、歩兵の銃剣突撃を支援するのに便利なサイズと性能の大砲・戦車・航空機が重視されるようになりますし、海軍では、極端な**大艦巨砲主義**にもとづく戦艦の建造がおこなわれ、その他の艦種（巡洋艦・駆逐艦、のちには潜水艦・航空母艦など）もすべて戦艦の決戦を支援するための独特の性能をもつようになります。

　日露戦争によって確立されたソフトにもとづく日本軍のシステム・ハードのあり方は、その後、**アジア太平洋戦争**まで基本的に変わりませんでした。このように、日本の近代史においても〈戦争遂行のための3要素〉は、〈戦略→制度→兵器体系〉あるいは〈戦略→制度〉〈戦略→兵器体系〉という順番で作り上げられていったということが分かります。

　◆〈3要素〉形成における〈逆流〉

　これまで説明してきたように、〈戦争遂行のための3要素〉は、一般的には、〈戦略→制度→兵器体系〉という順番に出来上がっていくわけですが、戦争と軍備拡張の歴史をさらに詳しく調べてみると、必ずしも、そのような一般的な方向性（順番）が常に貫かれているわけではないことが分かります。軍事的な技術の革新や特定勢力（独特な戦略思想＝ソフトをもった集団）による兵器開発の推進の結果、ハードの開発・整備が先行し、国家のレベルにおいては、それに引きずられる形でシステム（法律・制度）やソフト（戦略）が変化するということも起こりうるのです。つまり、時には、〈兵器体系→制度→戦略〉や〈制度→戦略〉〈兵器体系→戦略〉という〈逆流〉も起こり

第1章 戦争と軍事を見るための視点

うるということなのです。

たとえば、やはり戦前の日本の例で考えてみましょう。1937年（昭和12年）に開発が始まり、1940年に正式に兵器として採用された海軍の**零式艦上戦闘機**、現在では「ゼロ戦」と通称されていますが、この戦闘機は、この時期（1930年代後半から1940年代初頭）に急速に進んだ航空機の機体設計技術の革新によって、当初、日本海軍が求めた以上の性能（とりわけ長大な航続力）を発揮することになりました。つまり、従来のソフトで想定した以上のハードが出来上がってしまったということです。その結果、日本海軍は、基地航空隊の爆撃機と戦闘機によって台湾の基地からフィリピンを直接空襲するというそれまでにない戦略シナリオ（ソフト）を獲得し、航空母艦のほぼ全力をハワイ空襲に振り向けるという新戦略を立案することができました[2]。このゼロ戦の例は、ハードが先行して、システム・ソフトを変化させた典型的な事例で、システム・ソフトがハードに引きずられた結果、きわめて急進的な戦略が台頭した事例でもあるといえます。

もちろん、これはとても重要なことですが、戦争が起こる原因は、基本的には、政治・経済的課題（対立）を軍事的手段によって解決しようとすることにあるのであって、兵器体系（ハード）や法律・制度・組織（システム）ができれば自動的に戦争になるわけではありません。また、ハード先行とはいっても、ハードの開発にあたる人々だけが独断専行しているわけではなく、戦前の日本海軍の**山本五十六**に代表される**航空主兵論者**のような、そうしたハードの出現をもくろんでいる専門家

集団（あるいは戦略）が当然のことながら存在しています。ただし、それらの専門家集団（あるいは戦略）が軍において少数派であったり、その戦略が、必ずしも軍（あるいは政府や国民）のコンセンサスを得たものではない場合、ハード先行という形で新戦略が突出することがあり、あらたな戦争の危機や冒険主義的な軍事戦略の登場に道をひらくこともありうるということなのです。

　これは、詳しくは第２章から第４章で説明することですが、現在、アメリカの軍事戦略に強く影響されながら、日本で進行している戦争に対応する体制づくりは、あきらかに、ハード（兵器体系・設備）が先行し、それにシステム（法律・制度・組織）が追随し、それに対応したソフト（価値観・戦略・人材）づくりが進められる、という流れになっているように見えます。アメリカの軍事戦略というソフトと日米安保体制というシステムが上位に位置している以上、完全な形のハード先行とはいえないかもしれませんが、少なくとも日本国内において戦略の転換（自衛隊の役割の転換）が明確な形で国民に知らされないままに、先取り的に新たなハードが開発・配備されていく現状は、やはりハード先行あるいは戦略的コンセンサス不在といえるのではないかと思います。

3　戦争をするためには ――もの・ひと・かね――

　戦争をするためにはどのような仕掛けが必要なのかは、これまで見たように〈戦争遂行のための３要素〉であるソフト・シ

ステム・ハードということに着目すればよいのですが、実際の戦争や軍事情勢をより正確にとらえるためには、どのようなポイントに注目すればよいのでしょうか。

一般的に、戦争や軍事情勢が報道されたり、議論されたりする時に、まず、重視されるのは〈数量化された現有戦力〉です。『防衛白書』などでも、「アジア太平洋地域の軍事情勢」などといえば、図1のような〈数量化された現有戦力〉を比較する資料が掲げられています。また、〈軍事評論家〉と言われる人たちも、たとえば「A国は陸軍力56万人、**作戦機**600機、海軍艦艇210隻・14.4万トン、対立するB国は陸軍力100万人・作戦機610機・海軍艦艇600隻・10.3万トンですから地上戦ではB国が圧倒的に有利ですが、空軍力ではほぼ互角で、海軍力ではA国がやや優勢なので、B国としては地上攻勢にすべてをかけることになりそうですね」などといった数字さえ読めば誰でも言えそうなコメントを出したりします（このコメントはフィクションです）。

確かに〈数量化された現有戦力〉は、戦争や軍事情勢を見る上でたいへん参考にはなります。しかしながら、〈数量化された現有戦力〉を見ただけでは、〈現有戦力〉が本当に戦力たりうるのかどうかは分からないのです。たとえば、作戦機が数百機あったとしても、その国に、それが消耗した時に補充する生産力（技術力）があるかどうか、あるいは他国から供給される可能性があるかどうか、その戦力を活用できるように人員（たとえばパイロット）が十分に訓練されているか、陸軍力が何十万あったとしても、その戦力を維持するための武器・弾薬・

図1 「アジア太平洋地域の軍事情勢」

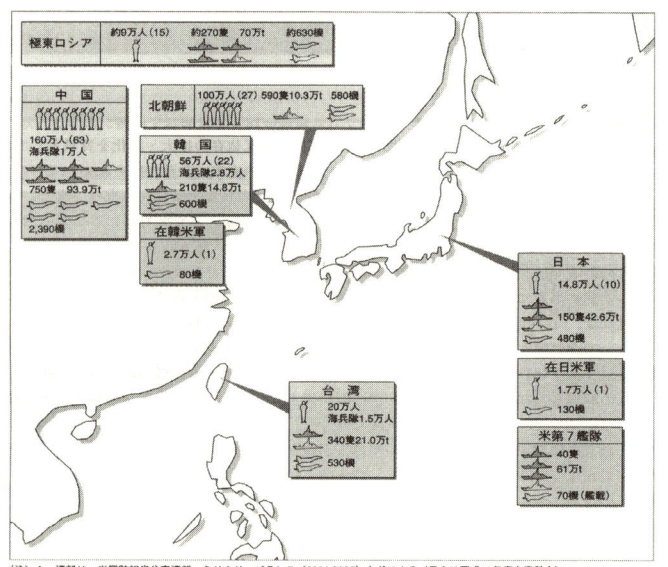

```
極東ロシア  約99万人(15)  約270隻 70万t  約630機

中国
160万人(63)
海兵隊1万人
750隻 93.9万t
2,390機

北朝鮮 100万人(27) 590隻10.3万t 580機

韓国
56万人(22)
海兵隊2.8万人
210隻14.8万t
600機

在韓米軍
2.7万人(1)
80機

台湾
20万人
海兵隊1.5万人
340隻21.0万t
530機

日本
14.8万人(10)
150隻42.6万t
480機

在日米軍
1.7万人(1)
130機

米第7艦隊
40隻
61万t
70機(艦載)
```

(注) 1 資料は、米国防総省公表資料、ミリタリーバランス（2004-2005）などによる（日本は平成16年度末実勢力）。
2 在日・在韓駐留米軍の陸上兵力は、陸軍及び海兵隊の総数を示す。
3 作戦機については、海軍及び海兵隊機を含む。
4 （ ）は、師団数を示す。

凡例 陸上兵力（20万人） 艦艇（20万t） 作戦機（500機）

出典）『防衛白書　平成17年版』

燃料・食糧の生産・供給能力があるかどうか、兵力と物資を輸送する能力や海外に派遣する手段があるのかどうか（兵站、ロジスティック）、また、国家に戦費を調達できる能力があるかどうかなどなど、〈数量化された現有戦力〉が本当に戦力になりうるかどうかを知るためには、本当は確かめなければならないことがたくさんあるのです。

　このように書くと、「いきなりこんなことを言われても、い

ろいろありすぎる。いったいどこに注目すればいいのだ」という声が聞こえてきそうですが、〈数量化された現有戦力〉が本当の戦力になりうるかどうかは、次の〈戦力造成のための３要素〉に注目して判断すればよいのです。

① 物的資源（生産力・技術力・輸送力）
② 人的資源（人材養成）
③ 資金（戦費）

つまり、〈戦力造成のための３要素〉というのを、きわめて分かりやすく言えば、〈もの・ひと・かね〉ということになります。

現代の戦争というのは、膨大な物資を必要とします。たとえ、100万人の精鋭部隊を有していても、逆に兵力が多ければ多いほど、その戦力を維持・運用するためには、膨大な武器・弾薬・燃料・食糧を、さらには大きな輸送力を必要とします。一般に、兵力というものは、多ければ多いほど強そうに見えますが、逆に多すぎると部隊に所定の武器・弾薬・燃料・食糧が行き渡らず、思うように移動ができず、実際には期待された戦力を発揮できないどころか、補給を受けられない大部隊が移動できずに集結していると、空爆などでかえって大損害をうける、といった結果になりかねないのです。要するに、〈数量化された現有戦力〉だけでは現実の戦争のあり様は判断できず、実際には、この〈戦力造成のための３要素〉がどれほど確保できるのか、という点に注目する必要があります。〈戦力造成のため

の3要素〉がどれほど確保できるかが、現実の戦争の勝敗を左右するものといえます。

　また、戦争のためのイデオロギー、すなわち戦争の大義名分というものも重要です。なぜなら、戦争を行う側は、なんらかの大義名分をたてて、自国の国民を戦争に協力させようとしますし、他国を味方につけようとします。戦争の大義名分(イデオロギー)は、〈戦力造成のための3要素〉を調達するためのきわめて重要な手段であり、大義名分がより多くの人間の能力と自発性を引き出し、それを組織化できる場合には、戦争の勝敗を決する重要な要因になりうると言えます。

　しかし、大義名分、すなわち、何らかの理由があれば、国家はどんな戦争をやっても良いのかと言えば、それはいけないのです。1928年(昭和3年)に欧米諸国と日本などの間で締結された**パリ不戦条約**以来、国際的には、戦争というものは「違法」なものとされ、例外的に自衛戦争だけが許されることになりました。不戦条約が締結される以前は、戦争は、国家の「権利」とみなされていたのですが、この条約の成立によって、領土拡張を目的とする戦争、報復のための戦争など、「自衛戦争」という大義名分がたてられない戦争はできなくなりました。しかし、それは、逆に言えば、不戦条約以後は、どのような侵略的な戦争であっても、「自衛」を口実に行われるようになったということです。

　まとめれば、戦争を行うための準備がどれほど出来上がっているのかということは、〈戦争遂行のための3要素〉であるソフト・システム・ハードという点に注目するとその全体の構造

が分かりやすいと思いますし、戦争や軍事情勢を検討するためには、〈数量化された現有戦力〉だけではなく、〈戦力造成のための3要素〉である〈もの・ひと・かね〉をいかに調達できるかという点に留意し、その上で、戦争の大義名分（イデオロギー）を確認していく必要があるということです。

　それでは、次の章から、現代日本の軍事に関するハード・システム・ソフトについて順を追ってその現状を説明していくことにしましょう。

（1）「軍備意見書」の作成者は、山県有朋（当時、兵部大輔）・川村純義（同・少輔）・西郷従道（同・少輔）の3人。この意見書は、その後の日本陸軍・海軍の建設の指針となりました。原文は、山田朗編『外交資料・近代日本の膨張と侵略』（新日本出版社、1997年）49〜51頁に収録されています。
（2）　詳しくは、山田朗『軍備拡張の近代史——日本軍の膨張と崩壊——』（吉川弘文館、1997年）190〜194頁を参照してください。

第2章　ハード：日本の軍事力
── 自衛隊の現在 ──

　2003年（平成15年）に始まったイラクへの派遣によって自衛隊は、いよいよ本格的な**戦力**として海外展開するにいたりました。ここでは、まず、自衛隊を戦力として見た場合、世界的にどのくらいのランクにあるのか、そして現在の自衛隊戦力（ハード＝兵器）の特徴について、さらに最近になって増強著しい海上自衛隊のハードについて、その危険な兆候を明らかにしておきましょう。

1　自衛隊の世界ランキング

◆軍事費ランキング
　まず、一国の総合的な戦力を比較する一般的な指標である**軍事費**から見てみましょう。軍事費は、軍事のハード・システム・ソフトを作り上げる上で、それらの全体に関わるものですが、一般的に言えば、多額の軍事費を投入している国は、それだけハード（兵器体系）の増強に多くの〈かね〉をかけているわけで、ハードの質と量を推しはかるひとつの指標として軍事費を見ておくことは大切なことです。

　図2は、1983年から2004年までの日本の軍事費を円建てと米ドル換算額でその推移を見たもの、図3は、各国の軍事

費を比較しやすいように米ドルで換算し、同じく1983年から2004年までの間に、日本の軍事費が世界の中でどの程度のランクにあるのかをまとめたものです。最近の約20年間、為替レートが基本的にドルに対して円高傾向にあり、とりわけ湾岸戦争（1991年）をはさむ時期においては、円建て時価（各年度の日本の実際の防衛庁所管の予算額）ではゆるやかな上昇にとどまっている軍事費も、米ドル建てにすると為替レートの関係で1993年から急上昇します（図2）。こうした為替レートの問題を含みますが、世界における日本の軍事費のランクは、1983年に第8位だったものが、1985年に第7位、1987年に第6位と徐々に上昇し、ロシアの急落と円高の進行もあって1993年には第3位へ、そして1995年以降2003年まで第2位の地位を占め続け、2004年になって4位へと下降しています（図3）。もし1990年代前半に円高が進まなかったと仮定し、1993年以降の日本の軍事費を1990年の平均為替レート（1ドル136円）で計算してみると、日本はほぼイギリスと同程度の軍事費を支出していた計算になり、1998年以降はやはりアメリカに次いで第2位の支出額になります。

　為替レートの問題はこういった比較をする際に重要で、どのようなレートに設定するかで、それだけで順位がかなり変わってしまいます。たとえば、2004年に日本が第2位から第4位へと低下したのも、イラク戦争の関係でイギリス・フランスの軍事費の絶対額が増えたことと、ドルに対する為替レートがポンド高・ユーロ高へと向かったことの影響は大きなものがあります。図2・図3では、1998年から2003年までの各国の

軍事費をドル建てにする際に、2000年の平均為替レートをつかって計算していますが、2004年は2004年の為替レートによって計算していますので、2000年から2004年の間に、円は107円から109円へと若干、円安になったのに対し、ポンドとユーロはともにドルに対して高くなっているために、順位の変動がおこりました。したがって、基準とする為替レートを変えれば、当然のことで、順位にも変化がおこる場合があります。

たとえば、表1は、2003年の平均為替レート（1ドル116円）を使ってランキングを示したもので、この円安・ポンド高・ユーロ高の基準でみると、1998年から2004年までの間に、日本は第3位から第4位へとランクを下げていることがわかります。

したがって、為替レートの換算の仕方によって変動がありますが、世界の軍事ランキングにおいて日本は、だいたい第2位から第4位の間に位置しているといってよいでしょう。

◆戦力ランキング

現在自衛隊は、陸上自衛隊の実際の人員14万7000人（10個**師団**）、海上自衛隊の主要**艦艇**152隻・総トン数43万8000トン（人員4万5000人）、航空自衛隊・海上自衛隊の**作戦機**はあわせて510機（人員4万7000人）という規模です。これは、世界の軍隊の中でどのくらいのランクにあるのでしょうか。

現代の軍隊の地上戦力（陸軍力）は兵力が多ければ強力と

図2　日本の軍事費の推移（1983 年を 100 として、日本円表示と米ドル換算を比較）

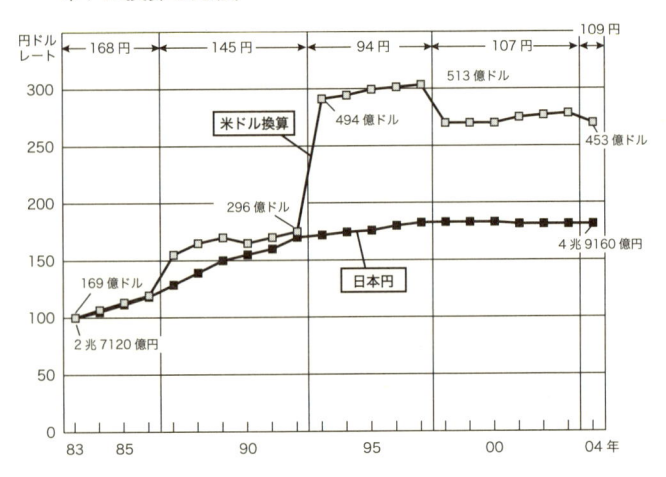

```
円ドル
レート   ┤←168 円→┤←145 円→┤←94 円→┤←107 円→┤109 円
```

- 513 億ドル
- 494 億ドル
- 米ドル換算
- 296 億ドル
- 453 億ドル
- 4 兆 9160 億円
- 日本円
- 169 億ドル
- 2 兆 7120 億円

注）円ドル・レートは SIPRI Year Book による。
出典) SIPRI Year Book, 1988/1997/2000/2004.

表1　世界の軍事ランキング（1ドル＝ 116 円）

単位：億ドル

順位 年度	1	2	3	4	5	6	7	8	日本の軍事費 (時価／億円)
1998	アメリカ 3094	フランス 439	日　本 414	イギリス 408	ドイツ 359	イタリア 268	サウジアラビア 203	中　国 (180)	4 兆 9420
1999	アメリカ 3103	フランス 443	日　本 414	イギリス 403	ドイツ 366	イタリア 278	中　国 (202)	サウジアラビア 182	4 兆 9340
2000	アメリカ 3223	フランス 438	日　本 417	イギリス 409	ドイツ 360	イタリア 297	中　国 (222)	サウジアラビア 199	4 兆 9350
2001	アメリカ 3249	フランス 437	日　本 422	イギリス 418	ドイツ 354	イタリア 292	中　国 (261)	サウジアラビア 212	4 兆 9550
2002	アメリカ 3648	フランス 446	イギリス 441	日　本 426	ドイツ 355	中　国 (307)	イタリア 300	サウジアラビア 186	4 兆 9560
2003	アメリカ 4144	イギリス 511	フランス 454	日　本 427	ドイツ 348	中　国 (331)	イタリア 277	サウジアラビア 188	4 兆 9540
2004	アメリカ 4553	イギリス 474	フランス 462	日　本 424	中　国 (354)	ドイツ 339	イタリア 278	ロシア (194)	4 兆 9160

注）（　）内は推定値。
出典）　SIPRI Year Book, 2005.

図3　世界の軍事ランキング

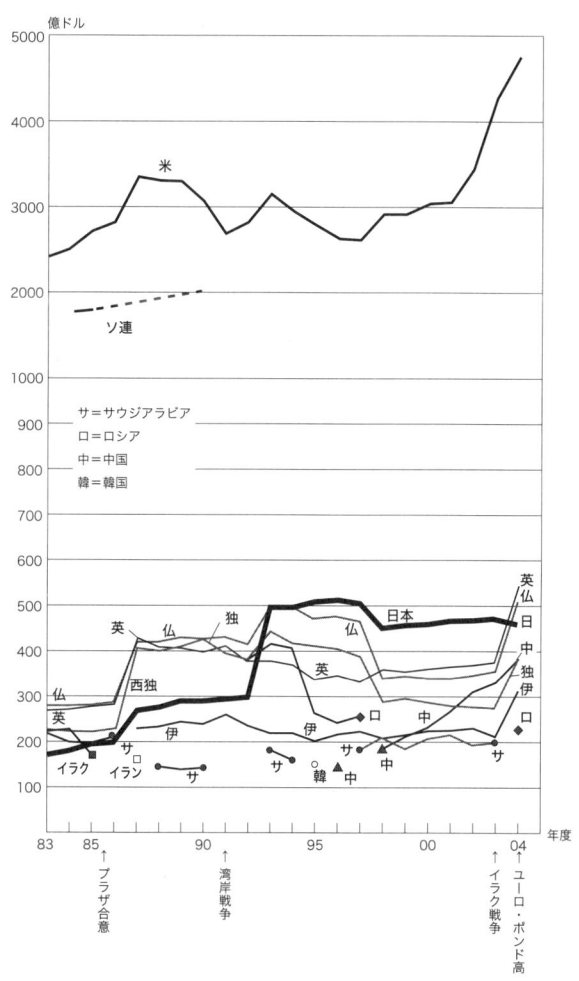

注）　米ドル換算。円ドル・レートは図2と同じ。
出典）　SIPRI Year Book, 1988/1997/2000/2004/2005.

いうわけではなく、その機械化の度合いと兵器・兵員の質が重要です。単に数量的に見ると、陸上自衛隊の実数14万7000人（定員15万6000人）という規模は、中国170万人・インド110万人・北朝鮮100万人・韓国56万人・パキスタン55万人・アメリカ49万人・ベトナム41万人・トルコ40万人・イラン35万人・ミャンマー35万人・エジプト32万人・ロシア32万人・インドネシア23万人・シリア22万人・台湾20万人・タイ19万人（兵力はいずれも概数）などよりも少ないので、世界第17位以下ということになります。しかし、それでもイギリス12万人・イタリア12万人・イスラエル13万人・フランス14万人よりは多く、ドイツ20万人よりは少ないというレベルです[1]。世界ランキングでいえば、それほど高くはないのですが、軍事費ランキング上位10か国（アメリカ・イギリス・フランス・日本・中国・ドイツ・イタリア・ロシア・サウジアラビア・韓国）においては、第6位に位置していて、イギリス・イタリア・フランスよりも上位にあることを考えれば、日本の地上戦力が少ないとはいえないでしょう。

　海上戦力（海軍力）は、一般に艦艇の保有量（総トン数）で比較されることが多く、2005年において海上自衛隊は総トン数43万8000トンで、アメリカ（548万トン）、ロシア（206万トン）、中国（93万トン）、イギリス（79万トン）に次ぐ世界第5位の規模に達しています。なお、第6位以下はフランス（39万トン）、インド（33万トン）、トルコ（22万トン）、台湾（21万トン）、ドイツ・スペイン（20万トン）と続きます。後に述べるように、近年の海上自衛隊は、質・量ともに急速に

強化されてきており、総トン数から見る限り、海上自衛隊は、本格的な航空母艦こそ持たないものの、その規模で見る限り世界有数の「海軍」であることがわかります。

航空戦力（空軍力）は、一般に作戦機（爆撃機・戦闘機・攻撃機・偵察機・哨戒機などの総称でヘリコプターを含まない）の機数で比較します。自衛隊所属の作戦機は約510機で、世界では、アメリカ（3470機）、中国（2400機）、ロシア（2150機）、インド（830機）、エジプト（640機）、北朝鮮（610機）、韓国（600機）、フランス（570機）、シリア（560機）、トルコ・台湾（530機）に次ぐ規模（世界第12位前後）であり、イスラエル（490機）、ウクライナ・イギリス・ドイツ（480機）とほぼ同等かやや優る位置にあります。航空自衛隊の主力戦闘機が、アメリカ軍と同一の機種で構成されていることを考えれば、これは世界的に見てもかなり有力な空軍であるといえるでしょう。

つまり、日本の自衛隊は、戦力の数量的なランキングから見れば、陸17位以下、海5位、空12位前後ということで、次第に日本の軍事力が海軍力において突出しつつあることが分かります。

2　日本の軍事費と戦力の変遷

次に戦後の日本の戦力増強の歴史を軍事費と戦力の両面から概観しておきましょう。戦後における戦争と軍拡の歴史はあらためて第5章でみますので、ここでは、とりあえず数量的なこ

表2　戦後日本の軍事費（1950年度〜2005年度）

年　度	一般会計[1] 歳出（億円） ①	軍事費[2] （億円） ②	軍事費の対 歳出比 ②／①（％）	GNP（億円）　[3] ③	軍事費の対 GNP比 ②／③（％）
1950	6614	1310	19.81	……	……
1951	6574	1199	18.24	5兆4815	2.19
1952	8528	1771	20.77	6兆3730	2.78
1953	9655	1257	13.02	7兆5264	1.67
1954	9996	1396	13.97	7兆8246	1.78
1955	9915	1349	13.61	7兆5590	1.78
1960	1兆5697	1569	10.00	12兆7480	1.23
1965	3兆6581	3014	8.24	28兆1600	1.07
1970	7兆9498	5695	7.16	72兆4400	0.79
1975	21兆2888	1兆3273	6.23	158兆5000	0.84
1980	42兆5888	2兆2302	5.24	247兆8000	0.90
1985	52兆4996	3兆1371	5.98	314兆6000	1.00
1990	66兆2368	4兆1593	6.28	417兆2000	1.00
1995	72兆3548	4兆7236	6.65	497兆5000	0.94
2000	84兆9871	4兆9218	5.79	506兆4000	0.97
2005	82兆1829	4兆8301	5.88	511兆5000	0.94

1）当初予算。2005年度は政府案。
2）防衛本庁・防衛施設庁・国防会議（1986年度からは安全保障会議）の予算の合計額。
3）当初見通し。ただし、1951年〜1954年は実績。2001年度からは国内総生産（GDP）の値。
出典）朝雲新聞社編刊『防衛ハンドブック 平成17年版』2005年。

とだけを確認しておきたいと思います。

　表2は、戦後日本の軍事費の変遷を、1955年以降2005年までを5年ごとに示したものです。軍事費の〈対歳出比〉（国家の総支出に占める軍事費の割合）と〈対GNP(GDP)比〉に注目しますと、1970年代半ば以降、現在に至るまで〈対歳出比〉は6％前後、対GNP（GDP）比1％弱という水準で一貫していることが分かります。しかし、この時期は歳出・GNP

第2章 ハード：日本の軍事力——自衛隊の現在

表3 戦後日本の軍事力（1950年度～2005年度）

年度	陸上戦力		海上戦力		航空戦力（機数）		
	兵員数[1]	師団数[2]	主要艦艇数[3]	トン数[4]	海自	空自	合計[5]
1950	7万5000	(4)	……	……	……	……	……
1952	11万0000	(4)		2万7000			
1954	13万0000	(6)		5万8000	50	150	200
1958	17万0000	(6)		8万3000	180	970	1150
1960	17万0000	(6)	59	9万9000	220	1130	1350
1961	17万1500	8		11万0000	230	1130	1360
1962	17万1500	13		11万0000	250	1160	1410
1967	17万3000	13		12万2000	230	1050	1280
1971	17万9000	13	71	14万4000	240	940	1180
1973	18万0000	13		15万7000	280	950	1230
1976	18万0000	13	75	16万7000	300	930	1230
1980	18万0000	13		20万7000	300	820	1120
1985	18万0000	13	66	25万5000	270	800	1070
1990	18万0000	13	75	31万9000	280	870	1150
1995	18万0000	13	78	34万4000	340	900	1240
1998	17万2866	12 (+1旅団)		36万6000	340	890	1230
1999	17万1262	12 (+1旅団)		37万4000	330	880	1210
2000	16万7383	11 (+2旅団)		37万4000	330	870	1200
2001	16万3784	11 (+2旅団)	69	38万8000	330	870	1200
2002	16万3330	11 (+2旅団)	69	39万8000	330	850	1180
2003	15万9921	10 (+3旅団)	68 (146)	41万4000	330	850	1180 (556)
2004	15万7828 (148226)	10 (+3旅団)	68 (145)	42万5000	340	840	1180 (521)
2005	15万6122 (146960)	10 (+3旅団)	69 (151)	43万8000	340	840	1180 (510)

1） 予算定数。（ ）内は実数。
2） 1960年度までは管区隊数。
3） 護衛艦と潜水艦の合計。（ ）内は、〔護衛艦・潜水艦〕＋〔機雷・哨戒・輸送・補助の各艦艇〕の総数。さらに実際にはこの他に支援艦艇が加わる。2004年現在の支援艦艇は284隻。
4） 支援艦艇を含む全ての艦艇の合計。
5） 航空戦力は練習機を含めた総数。（ ）内は作戦機のみの数。
出典）朝雲新聞社編刊『防衛ハンドブック 平成17年版』（2005年）より作成。

(GDP)が右肩上がりに上昇した時期で、そのため軍事費は実際には急激な伸びを示すことになりました。とりわけ、一般には**デタント**（緊張緩和）といわれた1970年代の伸びが著しいことが分かります。また、ソ連の崩壊と湾岸戦争をへた1993年以降はそれまでのような伸びは抑制されて、おおむね5兆円弱という水準に固定されます。

表3は戦後日本における戦力増強の変遷を示したものです。これを見ると、1950年の再軍備（**警察予備隊**の設置）開始以来、1952年4月の**日米安全保障条約**の発効をへて、米ソ冷戦を背景にして、日本の軍事力が着々と増強されてきたことがよく分かります。地上戦力（定員）は1990年代後半にいたって削減され始め、**師団**が**旅団**へと再編されていますが、この間も一貫して海上戦力は増強され続けています。航空戦力（この表では練習機を含んでおり**作戦機**は常にこの半数程度です。2003年度以降には作戦機数も示しています）は、1950年代末から量的にはそれほど変化していませんが、日米安保条約を背景にして一貫して航空自衛隊の主力戦闘機はアメリカ空軍の主力戦闘機と同型機を導入し、質的に高いレベルを維持しているものと考えられます。

3　現在の自衛隊戦力（武器）の特徴

次に、現在の自衛隊の戦力の中核となる武器の特徴を簡単にまとめておきましょう[2]。

第2章 ハード：日本の軍事力──自衛隊の現在

写真3　90式戦車

◆陸上自衛隊

　陸上自衛隊の中核的な**機動打撃力**は戦車1000両・自走砲500両・装甲車1300両です。その中でも特に注目すべきは、新型の90式戦車（写真3）です。イラク戦争で使用されたアメリカ陸軍のＭ１Ａ２エイブラムス戦車、イギリス陸軍のチャレンジャー２戦車と同水準の性能を有する戦車で、120ミリ砲を装備し、50トンもの重量ですが、最高速度は70km／時を出すとされており、ＩＴ化が進みわずか3名の乗員で操作できます。アメリカ陸軍のＭ１Ａ２は乗員4人で、90式戦車は弾薬装填を自動化することによって1名分の人員を減らしています。90式戦車は、車体・砲塔は**三菱重工業**が、主砲の120ミリ滑腔砲はドイツのラインメタル社製ですが、日本製鋼所によって**ライセンス生産**されています。90式戦車の価格は1両約8億円で、これはアメリカＭ１Ａ２戦車の約2倍であるといわれていて、あまりに高価であるために、所定の数量が予定通

写真4 「こんごう」型護衛艦

り調達できず、陸上自衛隊は困っているといわれています。

◆**海上自衛隊**

　海上自衛隊の中核的な戦力は護衛艦 54 隻、潜水艦 16 隻、**Ｐ３Ｃ対潜哨戒機** 97 機です。その中でもとりわけ**イージス艦**として知られる「こんごう」型護衛艦（4 隻就役、7250 トン、30 ノット）（写真4）は、アメリカ海軍が保有するアーレイバーク級イージス駆逐艦とほぼ同等の性能を有しています。本来、イージス艦はアメリカ海軍において空母機動部隊の情報収集、防空艦として導入されたものです。「こんごう」型も数百キロ以上の範囲を監視可能な高性能レーダーを装備し、接近してくる 10 個以上の航空機・ミサイルに同時に対処可能であるといわれています。こうした高性能レーダーを搭載したイージス艦は、単に強力な軍艦という以上に、日本とアメリカの情報収集、地域監視の要となる重要な存在となっています。なお、2004 年度に、2006 年度の完成をめざして新型イージス艦「改

写真5 「ましゅう」型補給艦

こんごう」型（7700トン）1隻が起工されました（2005年度にさらに1隻起工）。この新型イージス艦の1隻の建造費は1475億円と予定されており、自衛隊が購入する単体の兵器のなかでは最も高価なものです（表4）。

　また、イラク戦争（2003年〜）に見られるように、護衛艦の海外展開の恒常化、アメリカ軍との連携の強化に対応するために、海上自衛隊では、「おおすみ」型多目的輸送艦（3隻就役、8900トン）や「ましゅう」型補給艦（2隻就役、1万3500トン）（写真5）など新型艦艇が続々と就役しています。湾岸戦争以降の15年間に、もっとも変貌をとげたのは海上自衛隊で、その遠征能力は急速に強化されています。

◆航空自衛隊

　航空自衛隊の中核的戦力は367機の戦闘機です。自衛隊は、2005年度から従来の「要撃戦闘機」「支援戦闘機」という区分を廃止し、「戦闘機」に一本化しました。従来の「**要撃戦闘**

表4　自衛隊主要兵器の平均単価

	兵器	平均単価	主な契約企業	調達年度（例）
陸上自衛隊	90式戦車	7億9900万円	車体：三菱 火砲：日鋼	2005
	99式自走155mm榴弾砲	9億6100万円	車体：三菱 火砲：日鋼	2005
	89式装甲戦闘車	6億5300万円	車体：三菱 火砲：日鋼	2004
	96式装輪装甲車	1億2300万円	小松	2005
	戦闘ヘリコプター AH-64D	73億1900万円	機体：富士 エンジン：石播	2005
海上自衛隊	新型ヘリコプター護衛艦（16DDH）1万3500t	1056億8800万円	船体：石播	2004
	改「こんごう」型イージス護衛艦 7700t	1474億7100万円	船体：三菱 主機械：石播	2002
	新型潜水艦 2900t	586億2800万円	船体：三菱	2005
	「おおすみ」型輸送艦 8900t（船体・主機械）	273億円	船体：日立 主機械：三井	1999
	「ましゅう」型補給艦 1万3500t	433億9600万円	船体： 主機械：	2001
	哨戒ヘリコプター SH-60K	66億9100万円	機体：三菱 エンジン：石播	2005
航空自衛隊	要撃戦闘機 F-15J（機体・エンジンのみ）	74億円	機体：三菱 エンジン：石播	1995
	支援戦闘機 F-2	126億7000万円	機体：三菱 エンジン：石播	2005
	ボーイング767 空中給油・輸送機	243億3900万円	輸入（伊藤忠）	2004
	パトリオット地対空ミサイル（1セット）	281億円	三菱	2003

注）契約企業名は以下の通り。
　三菱＝三菱重工業、日鋼＝日本製鋼所、小松＝小松製作所、富士＝富士重工業、石播＝石川島播磨重工業、日立＝日立造船、三井＝三井造船、伊藤忠＝伊藤忠商事
出典）『自衛隊装備年鑑』（朝雲新聞社）1997/2001/2002-2003/2004-2005/2005-2006年版。

写真6　F15-J戦闘機

機」とは、敵戦闘機を迎撃し、**制空権**を確保するための主力戦闘機のことで、航空自衛隊は295機を保有し、そのうち203機が**F-15J戦闘機**（写真6）です。F-15Jは、アメリカ空軍の主力戦闘機と同型機であり、自衛隊とアメリカ軍の戦力同質化を象徴する兵器であるといえます。従来の区分である「支援戦闘機」は72機を保有し、日米共同で開発したF-1支援戦闘機（23機）、**F-2支援戦闘機**（49機）がそのカテゴリーに入れられています。航空自衛隊の「**支援戦闘機**」とは、対地上・対艦攻撃が可能な戦闘爆撃機を意味しています。F-2支援戦闘機は、最大速力マッハ2.0で、最新の93式空対艦誘導弾などを搭載できる航空自衛隊で最も攻撃的な兵器の一つですが、自衛隊ではこの戦闘機の性能と価格に不満があるようで、2005年度予算で調達するものを最後に、生産をうち切ると伝えられています。

　湾岸戦争以降の自衛隊の変化を最も端的に示しているのは

海上自衛隊の増強であると前に述べました。そこで次に、そういった現在の自衛隊の特徴を最もよく表している兵器として「おおすみ」型輸送艦と建造中の新型護衛艦〈16DDH〉をとりあげて、ハード先行の実態について見てゆきたいと思います。

4 「おおすみ」型輸送艦に見るハード先行

◆ヘリコプター軽空母の原型としての「おおすみ」

海上自衛隊の戦力は、湾岸戦争以来、急速に増強されています。湾岸戦争があった1991年に海上自衛隊の艦艇の総トン数は31万9000トンであったものが、2005年においては43万8000トンに達しています。15年間に11万9000トン、37%も増加したことになります。これは湾岸戦争以降、海上自衛隊の艦艇が、全般的に海外展開能力（遠征能力）を強めて大型化したことに起因するものです。遠征能力を強めるということは、遠洋航海に耐えられるだけの艦自体の強化が図られるということですし、燃料など必要物資の搭載量を増加させるとともに、長期の海上行動に乗組員が耐えられるように居住性をよくするために生活関連施設を充実させたり、スペース自体を広げたりする必要性があります。こういったことは、おおむね艦艇のそのもの大型化につながる要因となります。

海上自衛隊の現有艦艇のうち、自衛隊の海外展開能力の向上と近い将来における空母の保有を占うという点で特に重要なのは、1998年から就役している「おおすみ」型輸送艦（「おおすみ」「しもきた」「くにさき」の3隻就役、基準排水量8900

トン）だと思います。派手な
イージス艦ではなく、一見、地
味な存在である輸送艦をとりあ
げたのは、この艦が、変貌しつ
つある自衛隊の性格をよく表し
ているからです。

写真7 「おおすみ」型輸送艦

　まず、**写真7**を見てください。
「おおすみ」は、右舷に寄った
艦橋、艦首から艦尾まで全通
した「飛行甲板」を有するなど、
ほとんど空母といってもよい外
見をしています。もちろん、この艦の本来の機能は、あくまで
も輸送艦（海上自衛隊での記号は LST）であり、空母に似た
外見をもっているのは、海上から陸上への兵員・物資を大型ヘ
リコプターで輸送するためです。また、ヘリコプターを常時搭
載していて、艦内に格納できる機能を有していれば、小型のヘ
リコプター空母ということもできるのですが、甲板のエレベー
ターの昇降能力・サイズといった構造上の問題で、ヘリの格納
はできないので、あくまでも空母ではない、ということなって
います（ただし、実際にはヘリコプターの常時搭載はしていま
せんが、前部エレベーターにより、貨物としてヘリコプターを
格納することは可能です）。

　現在、世界の空母には、大きく分けて次の3つの系統があり
ます（カッコ内は保有国）。

① 大型の攻撃型空母（米・ロシア・仏・ブラジル）
② **垂直離着陸機やヘリコプターを搭載する軽空母**（英・仏・伊・スペイン・インド・タイ）
③ ヘリコプターを搭載し上陸作戦にあたる**揚陸艦**（米・ロシア）

　①・②と**水陸両用作戦**のための③は本来、別系統で発達してきた艦であり、これらを空母の３系統として整理することには、艦艇の発達史的にはおそらく〈軍事マニア〉からは異論もあると思われますが、現在では②と③の中間形態の艦（強襲揚陸艦）も増加しているので、ヘリコプター搭載の揚陸艦も空母の１系列に入れておいた方が分かりやすいと思われます。そのように考えると、「おおすみ」型輸送艦は、確かに①・②の範疇には入りませんが、③揚陸艦の領域には入れてもよいものであり、技術的には、②軽空母のカテゴリーに属する空母を日本が保有できるところまできていることを示しています。つまり、艦構造に改造をくわえ、エレベーターなどの技術的制約を解決し、ヘリコプターの格納・常時搭載機能をもてば、この艦はヘリコプター軽空母になりうるものということができます。ただし、ハリヤーのような垂直離着陸機を積んだタイプの軽空母にするには、甲板の強度を強化したり、艦構造の抜本的な変更が必要であると思われます。

　◆強力な上陸作戦用兵器としての「おおすみ」
　また、輸送艦本来の機能に注目しても、「おおすみ」（8900

第2章　ハード：日本の軍事力——自衛隊の現在

トン）は、湾岸戦争後の自衛隊の新しい機能を体現している艦であるといえます。「おおすみ」型輸送艦は、「あつみ」型輸送艦（「あつみ」〔1998年に除籍〕「ねむろ」、ともに1480トン）の後継艦として設計されたのですが、「あつみ」型が武装した兵員130名を輸送できる規模であるのに対し、「おおすみ」型は武装兵員330名の輸送が可能であるとされています。「後継」というには、排水量にして約6倍、輸送能力にして約3倍もの大型化を実現しているのです。これは、「あつみ」型輸送がたとえば本州から北海道への兵員・物資輸送などを想定して建造されたものであるのに対して、「おおすみ」型輸送艦が日本から諸外国への輸送を想定して建造されたという違いがあります。同じ輸送艦という種類であっても、想定している任務は質的に大きな違いがあるのです。老朽化した艦の「更新」という名目で、従来とは異なる性格の艦を建造してしまうというやり方が、このところの海上自衛隊では恒常化しています（この点についてはさらに後述します）。

　「おおすみ」は艦体の大型化にともなって、海岸に乗り上げるやり方（ビーチング）がとれないため、LCAC（エルキャック）（写真8）と呼ばれる輸送用エアクッション艇（ホーバークラフト）を2隻搭載していて、これに戦車や兵員を乗せて、上陸作戦を展開できるようになっています（もちろん、ヘリコプターによる輸送、港の桟橋への横付けによる車両等の自走揚陸も可能です）。ホーバークラフトによる上陸方式は、上陸作戦における最大の難関である波打ち際で上陸スピードをダウンさせることなく、海上から内陸までをノンストップで戦闘部

写真8　エルキャック

隊を輸送できる点で、きわめて強力なのです（ただし、海岸に障害物があるとそれをよけるか、排除しなければならないのですが）。LCACは、「おおすみ」の艦尾のドック型出入り口から海上に出て、海上を40ノット（約75キロ）の高速で疾走して、陸上に上陸部隊を送り込むことができます。LCACの積載能力は、約50トンで、これは、陸上自衛隊の主力戦車90式戦車1両をそのまま積める能力です。「おおすみ」をアメリカが持っていたとすると、たぶんたんに「輸送艦」とは言わずに「ドック型揚陸輸送艦」(Amphibious Transport Dock) という艦種にしたであろうと思われます。

　アメリカの軍事力を常に軍事力の基準と考えている多くの〈軍事評論家〉の先生がたは、「おおすみ」は空母ではないし、揚陸艦としても戦闘力が欠如した中途半端な艦だと評価しているようですが、「おおすみ」はヘリコプター軽空母または強襲揚陸艦への過渡的な艦であるといえると思います。その意味で、このように作られてしまったハードが、新たなハードの開発を

促進したり、従来にはない新たな戦略（ソフト）を作っていく可能性を内包しているといえます。

◆ハード先行の代表的事例としての「おおすみ」

「おおすみ」型輸送艦の建造過程そのものがハードによる既成事実の先行の典型的な事例であるといえます。「おおすみ」は、就役後の『平成12年版　防衛白書』などによれば、在外邦人の救助などにも使用する艦であると紹介されています。「おおすみ」型輸送艦の1番艦である「おおすみ」が完成したのは、1998年（平成10年）3月のことです。しかし、在外邦人の救助に、航空機だけでなく、艦艇とそれに搭載したヘリコプターを使用できるようにし、救出にあたっては、場合によって武器の使用を認めるということを盛り込んだ自衛隊法第100条第8項の改正は、1998年4月に法案が閣議決定され、翌1999年5月に国会を通過しています。つまり、「艦艇による在外邦人の救助」のための法案が国会で成立する以前に、いや、閣議決定されるよりも前に、すでにそのための艦が完成していたということになるのです。「おおすみ」の建造予算が承認されたのは1993年度、起工されたのは1995年12月であるので、自衛隊法第100条の改正すら表面化していなかった段階です。「おおすみ」型輸送艦は、まさに、ハード（兵器体系）が先行し、システム（法律）がそれを後から追いかける、という代表なのです。

なお、2004年から就役した「ましゅう」型補給艦（「ましゅう」「おうみ」就役、基準排水量1万3500トン）も「おおす

み」と似た性格を有しています。「ましゅう」型補給艦の1番艦「ましゅう」は、2001年に「テロ対策特措法」(→第3章)が成立したその直後の2002年1月に起工されています(予算は2000年度に承認されています)。「ましゅう」は海上自衛隊最大の艦で、「護衛艦の長期行動化、大型化」などに対応するために建造されたと説明されていますが、「特措法」の制定とのち(2004年2月)のACSAの改定(→第3章)によって実現したアメリカ軍への武器・弾薬・燃料の補給体制の強化という状況に先取り的に対応したものといえるのです。

5　新型護衛艦〈16DDH〉はヘリコプター軽空母

◆新型護衛艦〈16DDH〉とは

「おおすみ」型輸送艦が、ハード先行(既成事実先行)の代表であり、航空母艦(ヘリコプター空母)保有の前段階ではないかと指摘してきましたが、最近になってヘリコプター空母の保有は、さらに現実の問題となってきたといえます。2004年度(平成16年度)予算で調達が承認され、2005年度起工、2009年度の就役をめざして海上自衛隊が建造準備を始めた新型ヘリ搭載護衛艦(基準排水量1万3500トン。1隻の建造予算1056億8800万円)「甲Ⅲ型警備鑑(DDH)」=〈16DDH〉[3]は、従来からヘリ空母的なデザインであることが報道されてきましたが、そのデザインと性能が明らかになるにつれて、それが「おおすみ」型輸送艦とは別系統で発達しつつある過渡的なタイプのヘリコプター空母といえるものであることが明らかに

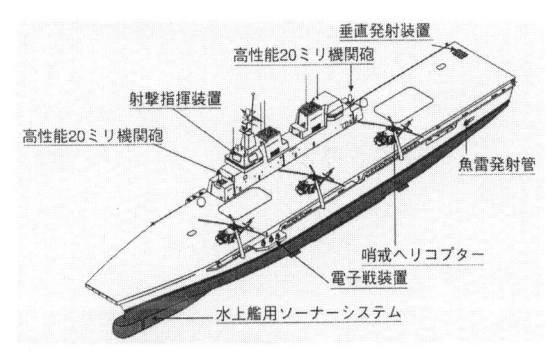

第2章　ハード：日本の軍事力——自衛隊の現在

図4　新型ヘリコプター搭載護衛艦〈16DDH〉のイメージ

(図中ラベル：垂直発射装置／高性能20ミリ機関砲／射撃指揮装置／高性能20ミリ機関砲／魚雷発射管／哨戒ヘリコプター／電子戦装置／水上艦用ソーナーシステム)

出典）『防衛白書　平成16年版』

なってきました。

　新型護衛艦〈16DDH〉は、『平成16年版　防衛白書』でも図4のようなイラストがのせられました。また、2004年7月に刊行されたイギリスの『**ジェーン海軍年鑑　2004～2005年版**』でも、イラスト入りで紹介され、海上自衛隊が、新型の「護衛艦（destroyers＝駆逐艦）と称して4隻のヘリコプター空母（four helicopter carriers）を計画している」[(4)]と説明されています。ただし、現段階では4隻というのは間違いで、4機のヘリコプターを搭載する2隻の護衛艦、とするのが正しいのです。

　この新型護衛艦〈16DDH〉は、最高速力30ノット、巡航速度20ノットで航続距離6000カイリ（1万1000キロメートル）というアメリカの巡洋艦なみの性能を有するともに、4機のヘリコプターを搭載しており、外形的には「おおすみ」

型輸送艦をさらに大型にしたもののように見えますが、明らかに揚陸艦の系列の艦ではなく、レーダーやミサイル・対空火器など護衛艦としての強力な装備を有しています。ただし、『ジェーン海軍年鑑』もわざわざ somewhat improbably as 'destroyers'（「『駆逐艦』としては多少奇妙なことに」）と「駆逐艦」にカッコを付して表現しているように⁽⁵⁾、その形状と1万3500トンという**基準排水量**（満載排水量は1万8000トン前後になるものと推定される）は、もはや護衛艦（記号：DD＝destroyer＝駆逐艦）ではなく、巡洋艦（記号：ＣＡ・ＣＧ＝cruiser）のカテゴリーに属するものといってよいでしょう。

それでも、海上自衛隊がこの新型艦をあくまでもヘリコプター搭載護衛艦（DDH）として位置づけているのは、艦の系譜上は、退役する「はるな」型DDHの代替艦、「しらね」型DDHの次世代艦であるからです（DDHについては、第4章第3節で説明）。しかし、新型護衛艦〈16DDH〉を基準排水量4950トンの「はるな」型、同5200トンの「しらね」型と同系列とすることだけでなく、従来の最大でも「こんごう」型の7250トン（建造中の改「こんごう」型でも7700トン）であった護衛艦（DD）の系列に入れることには相当な無理があると言わざるを得ません。「おおすみ」型輸送艦のところでも述べましたが、4950トンの「はるな」型の更新に、その2.7倍もの排水量の艦をあてるというのは、ほんとうに「代替」とか「更新」ということですませることができるのか、従来のソフト（戦略＝日本近海における対潜作戦）にもとづくものでない、新しいソフト（米軍に随伴した遠征作戦か？）にもとづく

軍艦をつくろうとしているのではないか、疑問はつきません。

◆ヘリコプター搭載護衛艦（DDH）の必要性とは

　それでも〈16DDH〉は、そのケタ外れの大きさを別とすれば、4機のヘリコプター搭載（対潜哨戒ヘリ3機、掃海・輸送用ヘリ1機）という規模は、確かに従来のDDHの延長線上にあるといえます。これまでの海上自衛隊の汎用護衛艦（DD）は1隻あたり1機、ヘリコプター搭載護衛艦（DDH）「はるな」型・「しらね」型は1隻あたり3機のヘリコプターを搭載し、ミサイル搭載護衛艦（DDG）も1隻あたり1機のヘリコプターの離発着が可能な構造になっています。海上自衛隊現有の護衛艦53隻のうち34隻がヘリ搭載艦（うちDDHが4隻）で、その他離発着可能艦が6隻あります。護衛艦（国際的な範疇ではdestroyer＝駆逐艦）の大部分がヘリ搭載か、ヘリ離発着可能である点が日本の護衛艦の特徴であるといえます。とりわけ、対潜ヘリコプター3機を搭載できる「はるな」型・「しらね」型DDHは、駆逐艦クラスでは他国に類例を見ない艦種なのです。これは、海上自衛隊が、冷戦時代にソ連海軍の潜水艦を追尾・攻撃することを第1の任務としてきたこと、空母が憲法や世論の制約から保有できそうになかったことなどからそうなったと考えられます。

　艦載ヘリコプターによる哨戒や対潜水艦作戦といったことを特に重視してきた海上自衛隊が、新型護衛艦〈16DDH〉をその延長線上に構想したこと、「はるな」型は改造を施したといっても艦齢30年を越える艦であり、その代替艦が必要だと

主張することは一定の必然性があると思われます。

しかしながら、新型護衛艦〈16DDH〉がたんに従来のヘリ搭載護衛艦（DDH）の延長線上にあるとすると、米ソ冷戦期の対潜作戦シナリオ（日本近海での大規模な対潜作戦）をそのまま延長させていることになり、対潜哨戒機が過剰な状態にあるなかで、そのような艦をわざわざ多額の費用をかけて建造する意味がどれほどあるのかという疑問が生まれてきます。

◆新型護衛艦〈16DDH〉は何をするための艦なのか

とはいえ、どう考えても新型護衛艦〈16DDH〉はたんなる「はるな」型の代替艦（「しらね」型の後継艦）とは思えません。まず、1万3500トンという巨体でありながら、搭載ヘリはわずか4機というのは、どうみても奇妙な設定です。この4機という数は、同時に離発着できる数字であり、いかにもヘリ3機搭載の「はるな」型・「しらね」型の代替・後継艦と思わせる数字なのですが、「はるな」型の2.7倍もの基準排水量を有しながら、ヘリコプター1機の増加というのはあまりにも効率的ではない、と思われて仕方がありません。非常に乾玄（水面から甲板までの高さ）が大きい艦型から見ても、飛行甲板下部にヘリコプターが格納可能になっていると思われますので、4機というのは、あくまでも「はるな」型の代替艦としての名目であって、現実には、さらに多数のヘリコプターを搭載すること、あるいは多数のヘリコプターを運用する際のプラットホームにすることなどが考えられているのでないかと推測せざるをえません。

また、従来、「しらね」型DDHの「しらね」が第1護衛隊群（横須賀）の、「くらま」が第2護衛隊群（佐世保）の旗艦であることを考えると、2009年・10年に就役する〈16DDH〉型の2隻の新型護衛艦も、旗艦になることを想定した司令部機能を有しているでありましょう。そうなると、〈16DDH〉は、哨戒・対潜作戦を指揮する中枢ということにもなるわけですが、日本近海でのその種の作戦が生起する可能性が冷戦期に比べて減少したことが明らかな現在、湾岸戦争以後に企画・設計された艦の常として遠距離の海外派遣を想定しているものと考えられます。日本近海以外での対潜作戦というのはありえないことではありませんが、新型護衛艦〈16DDH〉は、対潜作戦だけではなく、地上部隊の支援なども含め、ヘリコプター運用に特化することによって、多数・多種（陸自・空自のヘリも含めて）のヘリコプター運用の中核的なプラットホームになることが企図されているのではないかと考えられます。

　ヘリコプターというと民間のすこし頼りない感じの乗り物というイメージを抱く人もいるかもしれませんが、現在、ヘリコプターというのは地上作戦・海上作戦におけるきわめて強力な戦力で、自衛隊は約660機もの各種ヘリを保有しています。陸上自衛隊の保有ヘリコプターは500機近くにおよび、対戦車ヘリ・観測ヘリ（偵察用）・多用途ヘリ（地上戦闘支援）・輸送用ヘリなどがあります。また、海上自衛隊が保有するヘリコプターは108機で、掃海ヘリ（機雷除去用）と哨戒ヘリ（偵察・対潜作戦用）、航空自衛隊が保有するヘリコプターも60機近くあり、救難ヘリと輸送用ヘリに分類されています。

新型護衛艦〈16DDH〉が、海上におけるヘリコプター部隊の中核的プラットホームになるとすると、それはたんなる対潜作戦のための従来型ヘリ搭載護衛艦（DDH）ではなく、上陸作戦などを支援することができるヘリコプター軽空母と位置づけた方がよいでしょう。もちろん、アメリカやイギリスなどが保有している本格的なヘリコプター空母、たとえば、アメリカのワスプ級強襲揚陸艦（4万0650トン／搭載ヘリ42機）、タラワ級強襲揚陸艦（3万9900トン／搭載ヘリ19～26機）、イギリスのオーシャン級ヘリコプター空母（2万1700トン／搭載ヘリ12～18機）に比べれば、艦の排水量も搭載ヘリコプターも少ないのですが、アメリカのオースチン級ドック型揚陸輸送艦（9130トン／搭載ヘリ6機）やイギリスのアルビオン級強襲揚陸艦（1万4600トン／搭載ヘリ3機）には匹敵するか、上まわる攻撃力を有しています[6]。

　しかも、新型護衛艦〈16DDH〉は、低速の揚陸艦とは異なり、もともとが対潜作戦のためのヘリ搭載護衛艦（DDH）であるのですから、アメリカの空母機動部隊にも随伴可能であり、速力も防空能力も十分にあり、単独でどのような海域でも行動することが可能でしょう。もちろん新型護衛艦〈16DDH〉そのものには、本格的な揚陸艦としての機能は欠けていますが、「おおすみ」型輸送艦などと組み合わせることによって、ヘリコプターを使った揚陸作戦の支援と輸送には使用することが可能でしょう。〈16DDH〉には、従来のDDH以上の多様な任務、アメリカ機動部隊との随伴や揚陸作戦への支援といったことが想定されているのではないかと思います。

第2章　ハード：日本の軍事力──自衛隊の現在

◆〈専守防衛〉から逸脱しつつある海上自衛隊のハード

　ヘリコプター搭載護衛艦（DDH）は、米ソ冷戦時代の対潜作戦をになうための兵器として、日本で独特な発達をとげた艦種です。その更新にあたって、海上自衛隊当局が新型護衛艦〈16DDH〉に従来以上の機能を求めるのはむしろ自然のなりゆきではありますが、兵器の性能の向上が兵器の質を変化させてしまうものであってはならないのです。ハード（兵器体系）がソフト（戦略）を引きずるような、基本的に従来のソフトである〈**専守防衛**〉の枠組みから大きく逸脱する兵器になってしまってはいけないということです。防衛庁は、『防衛白書』等において、〈専守防衛〉の理念に反する兵器である戦略爆撃機・大陸間弾道ミサイル・攻撃型空母などは保有できない旨をくり返し公言していますが、それら以外は何でも保有できるということではないと思います。日本がどのようなハード（兵器体系）を保有するかは、それソフト（軍事戦略）の根幹にかかわるものであればあるほど、既成事実を作ってなし崩しに構築することは許されないのです。湾岸戦争以来、「おおすみ」型輸送艦にみられるように、ハード先行の既成事実が積み上げられ、いつの間にか軍事戦略が質的に変化しているようにみえてなりません。新型護衛艦〈16DDH〉も明らかにそのような疑念を抱かせる艦なのです。

　従来、海上自衛隊は、空母保有のコンセンサスが得られないがために、変則的なヘリコプター母艦としてのDDHを開発するともに、大部分の護衛艦にヘリコプターを搭載するという便法をとってきました。「はるな」型・「しらね」型DDHは、あ

くまでも駆逐艦の形をしたヘリコプター母艦であったわけですが、新型護衛艦〈16DDH〉は外形的にも空母であり、空母の形をした「駆逐艦」というまたまた変則的な艦になろうとしています。

〈16DDH〉が完成すれば、「こんごう」「おおすみ」「ましゅう」などの時のように、マスメディアを通じて国民の目に触れることも多いでしょう。そのとき、「もはや日本は空母(のようなもの)を保有しているのだ」と国民に思わせてしまえば、空母保有論者の勝利ということになります。その際、世論の反発が強ければ、新型護衛艦〈16DDH〉(その時には艦名がありますが)は従来のDDHの系譜に属するもので空母ではないと説明し、たいして反発が強くなければ、空母の形をした「駆逐艦」ではなく、より本格的なヘリコプター空母や垂直離着陸機を搭載した空母の保有へと進もうとしているのではないかと思われてなりません。

日本が国家としてどのようなソフト(軍事戦略)を持ち、その軍事戦略に基づいてどのようなハード(兵器体系)を保有するかは、日本国憲法に抵触するようなことあってはならず、少なくともその基本線については国会で議論され、国民のコンセンサスを得ながら検討すべきであり、アメリカの圧力や要請を奇貨としたなし崩し的な既成事実の積み上げやごく少数の軍事専門家が密室で決定していくということであってはならないのです。これは、単に軍事力だけの問題ということではなく、国家の基本的な方向性をどのように決定するかという民主主義の根幹にかかわる重要問題であるのです。

第 2 章　ハード：日本の軍事力——自衛隊の現在

（1）　自衛隊と各国との戦力（地上戦力・海上戦力・航空戦力）比較は、『防衛ハンドブック　平成 17 年版』（朝雲新聞社、2005 年）所収のデータに依拠しています。
（2）　保有数は 2004 年 9 月 30 日現在のもの。出典は前掲『防衛ハンドブック　平成 17 年度版』、武器の性能については、『自衛隊装備年鑑 2005-2006』（朝雲新聞社、2005 年）、調達費は、『自衛隊年鑑　2005 年版』（防衛日報、2005 年）に依拠しています。
（3）　本稿執筆時点では、この新型護衛艦は起工されておらず、当然のことながら進水時に行われる命名もなされていないので、正式の艦名あるいは型名で呼ぶことができません。そのため、平成 16 年度予算において建造が承認されたヘリコプター搭載型護衛艦（DDH）という意味で〈16DDH〉と呼称しておきます。
（4）　Stephen Saunders ed., *Jane's Fighting Ships 2004-2005* (Jane's Information Group Limited, 2004), p.[37].
（5）　Ibid.
（6）　アメリカ・イギリスの艦艇の性能については、*Jane's Fighting Ships 2004-2005* に依拠しています。

第3章　システム：進行する戦争体制づくり

　日本という国家は、日本国憲法という基本システムにおいて戦争を放棄しているわけですが、日米安保体制という外側から強く日本をしばりつけるもう1つのシステムのために、戦後においても朝鮮戦争・ベトナム戦争・米ソ冷戦・中国や北朝鮮との対立・湾岸戦争・アフガン戦争・イラク戦争など、アメリカが行う戦争とパワーポリティクスの中で、一定の軍事的な役割を担わされてきました。日米安保条約という外側からのシステムの締めつけによって、〈戦争放棄〉〈戦力不保持〉という基本理念をほりくずし、自衛隊をアメリカ軍とともに戦えるようにするためのシステム作りが進展してきました。ここでは、いったん米ソ冷戦期までさかのぼって、湾岸戦争以降に進展する戦争体制（システム）づくりについて見ていくことにしましょう。

1　冷戦時のシナリオと自衛隊の役割

◆米ソ核軍拡時代の新局面：1970—1980年代

　1950年代から60年代にかけて核軍拡競争で激しく競い合ったアメリカとソ連でありましたが、1970年代になるとその対立・軍拡のあり方に変化が生じてきました。米ソの核軍拡は、1972年5月の米ソの**第1次戦略兵器制限交渉（SALT-Ⅰ）**の

妥結によって新しい段階をむかえたのです。従来の核兵器の量的拡大には条約によって歯止めがかかり、米中国交回復（1972年）やベトナム戦争の終結（1975年）によって「デタント」（緊張緩和）の到来がマスコミを通じて喧伝されました。しかし、実は、ここからが米ソ核軍拡競争の新局面なのであり、競争の焦点は、目に見える**戦略爆撃機**や**ICBM**ではなく、海洋核戦力の質的向上という点に移行していったのです。

アメリカは、航空母艦と**潜水艦発射弾道ミサイル**（SLBM）を搭載した原子力潜水艦を世界中に展開させることにより、アメリカの核戦力の生存性を高めるとともに、SLBMの秘匿性の高さを利用して、対ソ先制第一撃・対兵力攻撃（先制第一撃でソ連側の戦略核兵器を一挙に全滅させること）を志向するようになっていきました[1]。

他方、ソ連は、急速に海軍の外洋艦隊化・核戦力化を押し進め、1973年には射程距離7800kmのSLBM（SS-N-8）12基を搭載したデルタⅠ級**戦略原子力潜水艦**（SSBN）を、1976年には同16基を搭載したデルタⅡ級SSBNを実戦配備し始めました。とりわけ、ヨーロッパの最北端のバレンツ海と日本の北側のオホーツク海への戦略原潜の配置によって、ソ連は、米本土をSLBMの射程距離内に確実にとらえることに成功したのです[2]。

実は、アメリカにとってもソ連にとっても、相手側の戦略原潜の存在は、きわめて厄介なものだったのです。なぜなら、1970年代になると米ソ両国は、軍事偵察衛星の利用によって、お互いの戦略爆撃機の出撃基地やICBMの発射サイロの位置

や動静は、すべて個別に把握することができるようになっていましたが、海洋深く潜航し、海中から突然にSLBMを発射できる戦略原潜だけは、恒常的にその位置を捕捉することが難しかったからです。そのため、相手に先制奇襲攻撃をかけるにしても、また、相手側の先制攻撃を免れて、第二撃（反撃）を行うにしても、戦略核兵器の体系の中で、SLBMとそのプラットホームである戦略原潜が決定的に重要なものとなったのです。

海洋核戦力の中核であるSLBMにおいてソ連側が一歩リードしたように見えたことは、ヨーロッパ（バレンツ海～北大西洋）と極東（オホーツク海～北太平洋）の海洋が米ソ対立の最大の焦点になったことを意味し、とりわけオホーツク海の最前線化は、「ソ連海軍の脅威」を名目とした自衛隊の急速な戦力強化をまねく原因となったのです。

◆**米ソ冷戦時代の〈宗谷海峡決戦〉シナリオ**

米ソ冷戦時代においては、ソ連の軍事力に対抗するために極東におけるアメリカの軍事力を補完するというのが、自衛隊に割り振られた役割でした。1970年代から1980年代にかけての軍事的なシナリオを簡単にまとめれば、おおむね次のようなものであったといえます。

当時、アメリカの最大の脅威は、ソ連の海洋核戦力とりわけ核ミサイル（SLBM）搭載の戦略原子力潜水艦でした。これは、アメリカ本土を直接に奇襲攻撃できる唯一のソ連の核戦力でした。その戦略原潜の根拠地は、日本海に面したウラジオストックであり、そこから原潜が北太平洋に進出するのを防ぐことが

アメリカ軍とそれに連携する自衛隊の最大の課題であったのです。戦時（あるいはそれが想定される場合）には、ソ連原潜の太平洋進出を防ぐために、米軍と自衛隊は、水上艦艇と潜水艦・航空機によって宗谷・津軽・対馬の三海峡を封鎖することを計画していました。海上自衛隊の対潜哨戒機P‐3Cがソ連原潜を追尾し、自衛隊の護衛艦と潜水艦が米軍と共同してそれらの通峡を阻止する予定だったのです。その際、ソ連側も黙って阻止されることはないでしょうから、ソ連側が、海峡を強行突破しようとして、場合によって海峡周辺を占領する可能性が想定されました。とりわけ、北海道の北端である宗谷海峡を突破する可能性が高く、そのためにはソ連側が北海道の宗谷岬周辺に空挺部隊や地上部隊を着・上陸させて海峡を確保することが予想されました。そのため、陸上自衛隊は、機甲部隊（戦車部隊）を中核とする第7師団などの地上戦力の主力を北海道中央部（旭川）に配置し、上陸してくるソ連軍を撃退することを構想していました。その際、航空自衛隊は、極東ソ連空軍を海峡付近と北海道上空で迎撃するとともに、海峡付近の制空権を確保する、といったことが期待されていました。

　明らかに、当時の自衛隊の陸・海・空の各戦力は、アメリカ軍の対ソ作戦の重要な部分を分担させられていたのです。こうしたシナリオにもとづいて、当時の自衛隊のシステムとハード（兵器体系）は構築されていったのです。この日米共同作戦のシナリオを初めて明文化したのが1978年に策定された「**日米防衛協力のための指針（ガイドライン）**」でしたし、それに対応して、日本側では**有事法制研究**が始まったのです。

2　冷戦シナリオの崩壊と自衛隊の海外展開の開始

◆冷戦の終結と湾岸戦争の勃発

しかし、1980年代末には、ソ連邦の崩壊とロシアの政治的・経済的混迷によって東西の軍事対立の構図も一変してしまいました。従来のシナリオも崩壊し、もしも当時、日本の軍事力のあり方が、国民レベルで再検討されることがあったならば、自衛隊の兵器体系にも根本的な改編・縮小が迫られてもおかしくなかったと思います。1980年代末から1990年代初頭は日本の軍事力を縮小・再編成する好機であったのです。自衛隊のハード（兵器体系）は、それを維持するだけの「根拠」を失ってしまったのですから。

ところが、1991年の湾岸戦争は、状況を再度、一変させました。停戦成立後とはいえ、同年4月から10月にかけてペルシャ湾に海上自衛隊の掃海艇6隻が派遣され、機雷除去にあたったのです（34個の機雷を処理したとされています）。これは、それまでタブーであった自衛隊部隊の海外展開という既成事実を作ることになりました。海外展開という既成事実が作られ、その後、1992年6月になってそれにあわせたシステム（PKO協力法）がつくられ、「国際貢献」という名のもとに、極東に必ずしも限定されないアメリカへの「貢献」が、あらためて自衛隊の任務として位置づけられたのです。ただし、自衛隊の海外展開という新たな任務の付与が、国会の場で全面的に議論・承認されたことはありませんでしたし、防衛庁・自衛隊

表5　自衛隊の海外展開にともなう携行兵器

派遣地域	派遣名目	派遣期間	携行兵器
カンボジア	ＰＫＯ	1992.09 ～ 1993.10	拳銃
モザンビーク	ＰＫＯ	1993.05 ～ 1995.02	拳銃・小銃
ルアンダ	ＰＫＯ	1994.09 ～ 1994.12	拳銃・小銃・機関銃
ゴラン高原	ＰＫＯ	1996.01 ～ 2002.08	拳銃・小銃・機関銃
東チモール	ＰＫＯ	1999.11 ～ 2000.02	拳銃
アフガニスタン	ＰＫＯ	2001.10 ～ 2001.10	拳銃
イラク	復興人道支援	2004.01 ～	拳銃・小銃・機関銃 無反動砲・個人携帯対戦車弾 軽装甲機動車・装輪装甲車

出典)『防衛ハンドブック平成16年版』朝雲新聞社、2004年

サイドから公式に自衛隊の新たな任務として明示的に示されたこともなかったのです。事態は、既成事実積み上げ式に進められていきました。

　湾岸戦争以後、アメリカの要請にもとづく「国際貢献」が自衛隊に課せられた重要任務となり、必ずしも明確なシナリオ（ソフト）が国民的合意を得ないままに、自衛隊の海外展開能力の向上が図られたのです。

　ここで、若干、脇道にそれますが、湾岸戦争以降の自衛隊の海外展開部隊がどのような兵器を携行していったのかを概観し、海外に派遣される軍事力の質的変化を確認しておきましょう。表5からも分かるように、最初のカンボジアPKOでは拳銃だけだったのが、その次のモザンビークでは拳銃・小銃になり、ルアンダ・ゴラン高原では拳銃・小銃・機関銃へと次第に重武装化していきます。携行兵器の変化は、当然、派遣された地域の治安状況とPKO部隊の任務の違いによっても規定されるものであり、ゴラン高原のあとの東チモールとアフガニスタ

ンのPKOでは、再び拳銃だけの携行にもどっています。しかし、これまでのPKO派遣によって、なしくずし的に機関銃まで携行兵器のレベルを向上させてきたことも確かです。そして、拳銃・小銃・機関銃に加えて、無反動砲・個人携帯対戦車弾・軽装甲機動車・装輪装甲車までも携行したイラク戦争における自衛隊の「復興人道支援」目的の派遣が、従来のPKO派遣と比べて量的にも質的にもはるかに大がかりなものであることも明らかです。

◆在日米軍の性格と自衛隊の役割の変化

米ソ冷戦が終結し、アメリカの軍事力を補完して極東におけるソ連軍事力を封じ込めるという自衛隊存立の大前提が崩壊すると、1990年代以降、自衛隊は次第にその性格を変化させていきます。冷戦の終結にともない、アメリカはその戦略の重点をソ連との全面対決から「ほぼ同時に発生する二つの大規模な地域戦争」への対処へとシフトさせました。軍事費の削減（最大の金クイ虫だった核軍拡費を削減したために軍事費全体が圧縮された）にともないアメリカは、海外に展開していた部隊の大幅な縮小を進めましたが、唯一、在日米軍と第7艦隊は、日米安保条約と「**日米地位協定**」にもとづく日本側の駐留経費の負担をあてにできるため、その戦力削減はきわめて緩やかで、結果的に在日米軍・第7艦隊は、アメリカが西太平洋・極東・インド洋方面に緊急に展開できる数少ない貴重な戦力として残されることになりました。特に沖縄に駐留している海兵隊を中心とする部隊は、アメリカにとって重要な存在となりました。

そのため、在日米軍と連動して活動している日本の自衛隊にも、極東以外の領域においてもアメリカ軍と連携することが強く期待されるようになったのです。そして、1991年4月、湾岸戦争終結後のペルシャ湾への掃海艇派遣によって、自衛隊部隊の海外展開という既成事実がつくられ、その後、国連のPKO活動への自衛隊の参加、「テロ対策特措法」にもとづくアフガンのアメリカ軍への補給の実施、そしてイラク戦争への自衛隊部隊の派遣へと事態は急速に展開してゆきます。

ハード（兵器体系）が先行し、システムが追随するいうパターンは、湾岸戦争以来、くり返されてきました。ペルシャ湾に掃海艇が派遣され、その後でPKO協力法が成立し、この法律にもとづいて、自衛隊部隊の海外展開は「国際貢献」として当然のこととされ、くり返されることになるのです。

◆新ガイドラインによるシステムづくりの進展

こうした既成事実先行、具体的なことが決まった後で原則が変更されるというパターンは、日米の軍事一体化のシステムづくりでも起こりました。たとえば、新ガイドラインと日米物品役務相互提供協定（ACSA→後述）の関係がそうです。1997年に「日米防衛協力のための指針」が改定され、いわゆる新ガイドラインになりました。この新ガイドラインが作られた際も、原則（ガイドラインの本文）が出来上がる前に、すでに具体的な取極めが出来上がっていたのです。

1996年10月には、新ガイドライン本体に先行して「日米物品役務相互提供協定」（通称ACSA）と「同協定第七条に基

第3章 システム:進行する戦争体制づくり

づく手続取極」が締結されていました。この ACSA によって何が変わったのかと言えば、それ以前は、自衛隊とアメリカ軍の間で、物品(たとえば燃料など)や役務を相互に提供することは、本国政府の間であらかじめ承認していなければ、実行できないことでした。しかし、ACSA 成立以後は、現地指揮官レベルでの協議によって、物品・役務の相互提供が可能になったのです。アメリカ主導で進展している日米の軍事一体化をさらに推し進めた新ガイドラインとこの協定は、日米安保体制にとって大きな転換点であったといえます。このような具体的な取極が先にできていて、後からそれを包括する原則が決められるという転倒した流れのなかで、新ガイドラインというシステムは成立したのです。

ただし、この段階では、物品・役務の相互提供を定めた ACSA においては、武器・弾薬は例外事項で、これは提供できないとなっていました。つまり、自衛隊が持っている武器・弾薬をアメリカ軍に提供するということも(その逆も)できなかったのです。これができるようになれば、日米の軍事一体化は一応完成したといえるわけで、場合によっては、自衛隊は、完全にアメリカ軍の一部隊となってしまうのです。武器・弾薬の提供ができないというのは、日米軍事一体化の完成にとっての最後の歯止めであったといえます。

アフガン「対テロ」戦争にともなって 2001 年 10 月に成立した「テロ対策特別措置法」(以下「特措法」)でも、武器・弾薬の提供はできないことになっていました。しかし、「特措法」は、別のレトリックを設けて、この歯止めを実質的に突破し

てしまったのです。「特措法」によって、自衛隊が米軍の物資（武器・弾薬を含む）を輸送することは可能になりました。輸送することと提供することは異なることであり、もともと自衛隊が持っていたものをアメリカ軍に提供することはできないのですが、もともとアメリカ軍が持っていたものを自衛隊が運んでいって、それをアメリカ軍に渡すのは全く自由なのです。つまり、事前に、アメリカ軍は、なるべくたくさん自衛隊に米軍の武器・弾薬を預けておけば、自衛隊の部隊からアメリカに武器・弾薬を補給することができるようになったのです。また「特措法」では、自衛隊にあるものと同じ武器・弾薬の輸送の要請がアメリカからあった場合は、とりあえず自衛隊の武器、弾薬を輸送し、あとで所有権を米軍側に移転し、決済をするという方式も容認されたのです。これは、輸送と提供は異なるとは言いながら、事実上、自衛隊が場合によってはアメリカ軍の補給部隊になるということなのです。「特措法」は時限つきの法律ですが（2003年10月に2年間延長、2005年に再延長されました）、このような既成事実の先行は、明らかに自衛隊によるアメリカ軍の武器・弾薬の輸送の恒常化、さらには武器・弾薬の相互提供への道を切り開くものであったのです。

3　日本の戦時システムの構築 ——有事法制の成立

　その後、2003年6月になって「有事関連三法」（→第4章）が成立し、戦時体制構築の法的な骨格が作られるとともに、とりわけ**武力攻撃事態対処法**によって、戦時法令の増殖構造

が確立しました。「武力攻撃事態対処法」には、今後の「有事法制の整備」が条文として盛り込まれているので、以後、どのような有事関連法を追加する際にも、「同法に基づいて」という理由付けだけですむようになったのです。現に、2004年になって同法を根拠として「有事関連七法」が成立し、戦時体制づくりはさらに加速されることになりました。

そして、時期としては「有事関連七法」成立の前になりますが、アメリカによるイラク戦争の強行にともない、「特措法」段階からさらにふみこみ、2004年2月、ついに「日米物品役務相互提供協定」（ACSA）が改定され、従来、ひとつの「歯止め」とされてきた日米相互間の武器・弾薬の提供も可能とされるようになったのです。これによって、日米軍事同盟にもとづくアメリカ軍と自衛隊の軍事一体化は一応の完成をみたといえるでしょう。アメリカによるアフガン「対テロ」戦争とイラク戦争の強行という現実の戦争の強力なインパクトによって、日本における〈戦争ができる〉国家体制づくり、すなわち戦時体制の構築はそのシステム面で一挙に進展したのです。

（1） アメリカの核戦略については、ロバート＝C＝オルドリッジ（服部学訳），『核先制攻撃症候群』（岩波新書、1978年）と同（山下史訳）『先制第一撃』（ＴＢＳブリタニカ、1979年）を参照しました。
（2） 米ソの核軍拡競争について更に詳しくは、山田朗「現代における〈軍事力編成〉と戦争形態の変化」、渡辺治編『講座・戦争と現代』第1巻（大月書店、2003年）を参照してください。

第4章　ソフト：憲法第9条 vs 戦争肯定論

　戦争をめぐるソフト（人材・価値観・戦略）の問題ということになると、これは必然的に憲法第9条をめぐる攻防ということとなります。ここでは、まず、そもそも憲法第9条の理念とはどういうものなのかを確認した上で、政府による解釈改憲の歴史と〈戦争放棄〉をうたった憲法のもとでの法体系に正面から挑戦した〈有事法制〉ができあがるまでの流れを追い、また、軍拡の基本ソフトである軍拡計画について、第3次「防衛計画の大綱」にいたる戦後日本の軍事力構築計画の歩みをおさえ、最後にソフトをめぐる攻防が現在どのようなところで行われているのかを検証します。

1　憲法第9条の理念と憲法解釈の変遷

◆**憲法第9条の内容とその成り立ち**
まずは、日本国憲法第9条を確認しておきましょう。

　　第二章　戦争の放棄
　第九条　日本国民は、正義と秩序を基調とする国際平和を誠実に希求し、国権の発動たる戦争と、武力による威嚇又は武力の行使は、国際紛争を解決する手段としては、永久にこれ

を放棄する。

② 前項の目的を達するため、陸海空軍その他の戦力は、これを保持しない。国の交戦権は、これを認めない。

このように憲法9条は、2つの部分から成り立っています。普通、9条というと〈戦争放棄〉〈戦力不保持〉〈交戦権の否認〉という3つの要素から成り立っていると解説されるのですが、9条の第1項をちゃんと読めば、単に〈戦争〉だけでなく〈武力による威嚇〉〈武力の行使〉をも放棄していることが分かります。つまり、武力を背景にしたパワーポリティクス（その頂点が戦争）そのものを放棄しているということです。この〈武力による威嚇〉〈武力の行使〉の放棄ということは、あまり問題にされていないように思います。パワーポリティクスの頂点である戦争だけでなく、「国際紛争を解決する手段」としては武力を使った行為そのものを放棄しているところが実は非常に重要なのです。つまり、「戦争にいたらなければ武力を使ってよい」とか、「外交政策の行う背景として、使わないけれども武力の存在が必要だ」というような議論は成り立たないということです。また、第2項には、はっきりと「陸海空軍その他の戦力」の不保持と国の交戦権の放棄が示されています。

ただし、第1項には「国際紛争を解決する手段としては」という文言が付加されており、第2項の冒頭には「前項の目的を達するため」とあることが、第9条の解釈に幅をつくることになりました。もともと、日本国憲法の草案がGHQから提示された時には、現在の第9条は第8条で、次のようになっていま

した（草案の成立は1946年2月10日）。

　　第二章　戦争の廃棄
　第八条　国民の一主権としての戦争は之を廃止す。他の国民
との紛争解決の手段としての武力の威嚇又は使用は永久に之
を廃棄す。
　　陸軍、海軍、空軍又は其の他の戦力は決して許諾せらるる
こと無かるべく、また交戦状態の権利は決して国家に授与せ
らるること無かるべし[1]。

　GHQが作ったこの草案の段階で、すでに、〈戦争〉〈武力に
よる威嚇〉〈武力の行使〉の放棄と「紛争解決の手段として」
という文言は入っていますが、第2項の冒頭には、何の但し書
きもありませんでした。GHQ草案を修正した憲法の政府原案
「憲法改正草案要綱」（1946年3月6日発表）では、第1章の
天皇に関する条文が1条増えたため、GHQ草案では第8条
だった戦争放棄の条項が第9条となりましたが、この段階でも、
第2項は「陸海空軍その他の戦力の保持はこれを許さず、国の
交戦権はこれを認めざること」[2]とあり、冒頭の但し書きはあ
りませんでした。

　◆〈自衛戦争〉は是か非か
　それが、議会（衆議院）で審議される過程で、第2項の冒
頭に「前項の目的を達するため」という文言が加えられまし
た。これは、提案者の芦田均にちなんで「芦田修正」と言われ
ています。それではこの文言が加えられるとどうなるかと言え

ば、第9条の第1項の最後には「国際紛争を解決する手段としては、永久にこれを放棄する」とあり、それを受ける形で第2項の冒頭に「前項の目的を達するため」がありますので、「国際紛争を解決する手段」としては戦争もせず、そのための〈戦力〉も保持しないが、それ以外の手段、つまり自衛ための戦争は行う余地があり、そのための武力は持ってもよい、という解釈も可能になるのです。

　しかし、第9条が放棄した〈戦争〉に自衛戦争が入るのかどうかは、当然、当時の議会でも問題とされました。1946年6月28日、衆議院本会議において日本共産党の野坂参三議員は、戦争には侵略戦争と自衛戦争の2つの種類があり、「戦争一般の放棄と云ふ形でなしに、我々はこれを侵略戦争の放棄、こうするのがもつと的確ではないか」[3]と質問しました。これに対して、当時、総理大臣であった自由党総裁の**吉田茂**は次のように答弁しています。

　　戦争放棄に関する憲法草案の条項におきまして、国家正当防衛権による戦争は正当なりとせらるるやうであるが、私はかくのごときことを認むることが有害であると思ふのであります（拍手）。近年の戦争は多くは国家防衛権の名において行はれたることは顕著なる事実であります、故に正当防衛権を認むることが、たまたま戦争を誘発するゆえんであると思ふのであります[4]。

　質問者（共産党）と答弁者（自由党→のちの自由民主党）は

逆ではありません。憲法制定当時、日本国政府（第1次吉田茂内閣）は、憲法第9条は、「国家正当防衛権による戦争」すなわち自衛戦争をも放棄するのだ、と堂々と宣言していたのです。吉田首相は、同じ答弁の中で「本条の規定は直接には自衛権を否定はしておりませぬが、第9条第2項において一切の軍備と国の交戦権を認めない結果、自衛権の発動としての戦争も、又交戦権も放棄した」とも述べています。この解釈からすれば、第2項にどのような文言を加えようとも、自衛戦争をふくむ一切の戦争を放棄する、ということにならざるをえないのです。

　吉田首相が、このような答弁ができたのは、単に、新憲法の制定を急ぐGHQの圧力ということだけでなく、十五年戦争において耐え難い犠牲をはらった日本国民の心情にマッチしていたからです（もっとも、戦争でさらなる犠牲をはらったのは、日本国民だけでなく、日本が侵略・占領したアジアの諸国民なのですが）。「もう戦争は、どんな理屈をつけようとこりごりだ」「あんなひどい軍隊はこりごりだ」というのが、多くの日本国民の実感であったといえます。この「もう戦争はこりごりだ」「もう軍隊はこりごりだ」という国民の感情が、今日にいたるまで、第9条をささえていることは確かです。ですから、戦後60年たっても、改憲派は自分たちの主張を実行できなかったのです。

　しかしながら、国民の戦争や軍隊に対する感情とは裏腹に、米ソ冷戦の激化にともなって、政府の姿勢は一変します。1949年になるとアメリカは、対日占領政策の基本を当初の〈民主化〉〈非軍事化〉から、はっきりと〈経済復興〉〈反共

の防波堤化〉へとシフトさせ、1950年に朝鮮戦争が起こると、日本の再軍備（日本軍の再建）すらも要求するようになったのです。この当時の政府（第2次吉田茂内閣）は、アメリカの要求に応えつつ、日本国民にたいしてはあくまでも警察を助ける治安組織であると説明して「警察予備隊」を創設します。ここから、戦後日本の再軍備は始まるのですが、その経過は、第5章で説明することにして、この後、警察予備隊は1952年に保安隊へ、そして1954年に自衛隊へと成長していきます。再軍備が始まった時点で、政府の第9条解釈は、国家には固有の〈自衛権〉が存在し、前に述べた第9条第2項冒頭の「前項の目的を達するため」は、すなわち自衛のためには、一定の軍事力をもつことは許される、というものに変わりました。

◆〈戦力〉とは何か

警察予備隊の創設に始まり、日本の軍事力（公には「防衛力」といいますが）は再建されました。しかし、憲法第9条は、〈戦力〉の不保持を明記していますので、再建される軍事力がより強力なものになればなるほど、現有の軍事力（「防衛力」）は、憲法が規定する〈戦力〉にあたるのではないか、という議論がくり返されてきました。警察予備隊の段階で、すでにアメリカ軍と同じタイプの戦車まで保有していたのですから、疑問が出てくるのは当然でした。ところが、当時、同じ戦車であっても、アメリカ軍のものは「戦車」と呼び、予備隊のものは「特車」と呼ぶというような（戦車の「戦」は戦争・戦力に通ずるということで、あえて「戦」の字を避けた）、今から考え

ると笑い話のような〈言い換え〉をやってしのいでいたのです。

しかし、そのようなごまかしがいつまでも通用するわけはなく、政府は〈戦力〉の定義を示さざるを得ませんでした。政府（第4次吉田茂内閣）は、1952年11月、次のような〈戦力〉の統一見解を示しました（番号は、私が便宜的にふったものです）。

「戦力」に関する統一見解（1952年11月発表）
① 憲法第9条2項は、目的の如何を問わず「戦力」の保持を禁止している。
② 上記「戦力」とは、近代戦争遂行に役立つ装備と編成を備えたもの。
③ 「戦力」の基準はその国のおかれた時間的・空間的環境で具体的に判断すべきである。
④ 「陸海空軍」とは戦争目的のために装備編成された組織体で「その他の戦力」とは、本来の戦争目的がなくてもこれに役立つ実力を備えたものをいう。
⑤ 「戦力」とは、人的に組織された総合力である。よって兵器そのものは戦力の構成要素ではあるが、「戦力」そのものではない。
⑥ 第9条2項にいう「保持」とは、わが国が保持の主体である。そこでアメリカ駐留軍は、アメリカが保持する軍隊であるから第9条とは無関係である[5]。

これは、〈戦力〉をかなり狭く定義したもので、②「近代戦

争遂行に役立つ装備と編成を備えたもの」とか、④「その他の戦力」とは「本来の戦争目的がなくてもこれに役立つ実力を備えたもの」といった言い方は、当時の保安隊（この年10月に警察予備隊から改編）もこの定義からすると〈戦力〉と言えるのではないかという批判をまねくことになりました。しかし、この1952年の統一見解には、⑤「兵器そのものは戦力の構成要素ではあるが、『戦力』そのものではない」という項目を含むことによって、兵器がどれだけ近代的あるいは攻撃的であっても、それだけをもって〈戦力〉とはいえないという逃げ道を用意してありました。つまり、どんなに強力な兵器を持っていても、それをもっている組織に戦争をやる意思がなければ、それは〈戦力〉とは言えない、というのです。

　しかし、このような〈戦力〉解釈には、さまざまな批判がなされました。批判は、一方では保安隊（当時）は明らかに〈戦力〉であって違憲だと考える側から、他方ではあまり〈戦力〉の定義を厳密にすると再軍備の道がうまく進まないとする側からも出てきました。そこで、この後、政府は自衛隊の発足にあわせて、1954年12月に〈戦力〉に対する規定を修正し、②「近代戦争遂行に役立つ装備と編成を備えたもの」という言い方をやめて、憲法第9条第2項の〈戦力〉とは「自衛のため必要な最小限度を超えるもの」[6]と変更しました。

　現在でも政府は、この〈戦力〉定義を維持していますが、そもそも「自衛のため必要な最小限度」とはどれほどかということはきわめてあいまいなことです。その後、1960年代になると〈戦力〉とみなされてしまう兵器はなにか、ということでし

第4章 ソフト：憲法第9条 vs 戦争肯定論

ばしば国会で論戦が展開されました。この〈攻撃的兵器〉は持てないが、〈防御的兵器〉は持てるという論争は、実際にその両者の境界線をどこに引くかということで、実際にはあまり意味がないものなのです。具体的には、政府・防衛庁は、これまでに〈専守防衛〉の理念に反する兵器である**核兵器・長距離爆撃機・大陸間弾道ミサイル（ICBM・IRBM）・潜水艦発射弾道ミサイル（SLBM）・攻撃型空母**は保有できないとしばしば表明してきましたが、そもそもここに挙げられた兵器を持っている国の方が圧倒的に少ないというのが現状であって、これらをもっていないから「防御的」で、それゆえ〈戦力〉にはあたらないのだ、といえば、世界の大半の国々は〈戦力〉など有さない国ということになってしまうのです。

　自衛隊は日本国憲法第9条第2項のいうところの〈戦力〉ではない、とする見解は、〈戦力〉の定義をいろいろと操作し、〈攻撃的兵器〉は持てないが、〈防御的兵器〉は持てるという無理に無理を重ねないと成り立たないことが分かると思います。

　ところで、これは半分システムの問題にもなってしまいますが、「現状にあわせて改憲すべきだ」とする意見を支えるものとして、自衛隊自体の強大化だけでなく、次に見る、憲法第9条の理念を浸食するものとしての〈有事法制〉の問題があります。

2 〈有事法制〉をめぐる攻防

◆〈有事法制〉研究の第1段階・「三矢研究」

　戦後、防衛庁による公式の〈有事法制〉研究は1977年（昭和52年）8月に始まり、1981年4月に〈第1次中間報告〉、1984年10月に〈第2次中間報告〉が出されました。その後、〈有事法制〉研究は、水面下にもぐってしまいますが、2000年（平成12）3月の与党（自由民主党・自由党・公明党）プロジェクトチームが〈有事法制〉制定にむけての合意に達したことを皮切りに、2001年の〈9・11同時多発テロ〉からアフガン〈対テロ戦争〉をへて2002年4月には「有事関連3法案」が国会に提出され、法制化の動きが強まりました。そして、2003年6月、イラク戦争が行われている最中に「武力攻撃事態対処法」を中心とする〈有事法制〉が制定されるにいたりました。〈有事法制〉の問題は、本来はシステムの問題とすべきなのですが、〈戦争放棄〉と正面から対立する法体系をつくろうとする思想と運動は、ソフトに関係する問題ですから、ここでとりあげておくことにします。

　防衛庁による〈有事法制〉研究は、実際には1977年から始まったわけではなく、その前史というべきものがあります。そもそも〈有事法制〉は、防衛庁・自衛隊の永年にわたる念願でした。すでに1958年、防衛研修所（現在の防衛庁防衛研究所の前身）が作成した研修資料『自衛隊と基本的法理論』においては、戦前の戒厳令をモデルとした「新戒厳法」の制定が構想

第4章 ソフト：憲法第9条 vs 戦争肯定論

されていました。その後も防衛研修所は、『間接侵略』(1960年)、『非常立法の本質』(1962年)などの〈有事法制〉研究を続けていたのです。

今日からみれば、防衛庁・自衛隊による1950年代からの〈有事法制〉研究は、〈有事法〉制定策動の第1段階といえるものでした。この段階の〈有事法制〉は、あくまでも、「憲法改正」を前提としており、戦前の「戒厳令」や「国家総動員法」などをモデルにして構想されていたのです。当時は、防衛庁・自衛隊の中でも戦前の職業軍人が中核的な勢力を占めており（第5章で改めて述べます）、〈有事法制〉制定の発想も多分に戦前的なイメージでなされていました。この第1段階の〈有事法制〉研究の典型的事例が「三矢研究」(1963年)です。

「三矢研究」は、正式には「昭和38年度統合防衛図上研究」[7]といい、当時の**統合幕僚会議**事務局長などの自衛隊中堅幹部が、朝鮮半島での戦争勃発と日本への波及を想定して、その際に「戒厳令」に相当する法律や戦時に整備すべき〈有事法制〉について研究したものです。この戦争シミュレーションの中では、自衛隊がアメリカ軍の指揮下にはいって行動することが想定され、非常事態に即応してどれほどの〈有事法制〉をどれほどの日程で実現できるか、ということが検討されていました。「三矢研究」においては104項目にもおよぶ「非常事態措置諸法令の研究」という研究項目が立てられ、そのなかでも特に次の3つのことが重点的に検討されていました。①「国家総動員対策の確立」、②「政府機関の臨戦化」、③「自衛隊行動基礎の達成」の3つです。

1965年2月、衆議院予算委員会において「三矢研究」は暴露され、防衛庁・自衛隊は厳しい批判にさらされ、以後、防衛庁・自衛隊内での〈有事法制〉研究は、地下に潜ってしまいます。前述したように、この第1段階での〈有事法〉研究＝〈有事法制〉策動は、「戒厳令」に類するもの、有事徴兵制などを念頭にしたうえでのシミュレーションであり、しかも、〈有事法制〉制定は戦時に際して一挙に押し通すといった強引なやり方を想定しているのが、一つの特徴です。基本的に、戦後第1段階の〈有事法制〉制定策動には、戒厳令と政府にたいする全権委任法である「国家総動員法」の復活という発想が基調にあったといってよいと思います。これは、天皇大権にもとづく勅令という非常手段をもっていた戦前の法体系を、戦後に直接もちこむようなやり方であり、日本国憲法にもとづく戦後法体系を、〈有事〉をテコにして正面から破壊しようとするものであったといえます。しかし、世論の厳しい批判にさらされて、防衛庁・自衛隊は、この戒厳令・国家総動員法の復活＝正面からの改憲路線を断念せざるをえなくなりました。

◆〈有事法制〉研究の第2段階・防衛庁における「有事法制研究」

1970年代後半になってくると、〈有事法制〉研究もトーンがかわってきます。戦後における〈有事法制〉研究の第2段階です。それまでは正式ではなく地下でおこなっていた防衛庁が、〈有事法制〉研究を「正式に」始めたのです。

1977年8月、福田赳夫内閣のとき、三原朝雄防衛庁長官・栗栖正臣統合幕僚会議議長のもとで正式に〈有事法制〉研究が

第4章　ソフト：憲法第9条 vs 戦争肯定論

始まりました（防衛庁長官は、同年 11 月に金丸信氏に交代）。その１年後の 1978 年７月、栗栖統幕議長による「超法規発言」（有事に際しては、〈有事法制〉が整備されていないので自衛隊の超法規的行動もありうる、とする発言）が飛び出します。栗栖統幕議長は、「シビリアンコントロールに反している」ということで解任されたものの、この栗栖発言を奇貨として、かえって防衛庁は、〈有事法制〉研究の存在を公然化させたのです。

　1970 年代の後半にいたって、〈有事法制〉の研究が公式に始まった背景には、日米共同作戦体制が具体化しつつあったことがあげられます。防衛庁が〈有事法制〉研究を公表した 1978 年は、まさに最初の「**日米防衛協力のための指針**」（旧ガイドライン）が策定された年でもありました。日米両軍事力が一体となった作戦行動は、当然のことながら戦時を想定しているわけで、戦時に対処するための、法的な整備が日本側でも強く意識され始めたのです。米軍への協力という、いわば「外圧」を利用しての〈有事法制〉制定策動が、第２段階以降の特徴といえます。

　1978 年８月、防衛庁は国会で検討必要項目を公表し、以後、本格的に「有事法制」を研究していく旨を表明します。同年９月、防衛庁は「防衛庁における有事法制の研究について」という文書を公表し、そのなかで、〈有事〉に対処するにあたって「法制上の不備はないか、あるとすればどのような事項か等の問題点の整理が今回の研究の目的であり、近い将来に国会提出を予定した立法の準備ではない」とし、研究は「現行憲法の範

囲内で行う」としました。栗栖発言以来の批判の高まりがあり、防衛庁は、「有事法制の研究」が「三矢研究」とは違うことを示そうとしたのです。同時に、「戒厳令」や徴兵制・言論統制は「検討の対象外」だということを強調せざるをえませんでした。

この時、防衛庁は「有事法制の研究」にあたって整備すべき法令を次の3つに区分していました。

第1分類法令　自衛隊法など防衛庁所管の法令
第2分類法令　防衛庁以外の他の省庁所管の法令
第3分類法令　所管省庁が明確でない法令（現存しない法令）

以後、防衛庁による「有事法制」の検討は、第1分類法令→第2分類法令→第3分類法令の順で進み、現行の法令の「不備」がどこにあるのか、どのような新しい法令が必要なのか、といった問題点の洗い出しと法案検討へと広がっていきます。

防衛庁が第1分類法令・第2分類法令で研究してきたことは、法令の「不備」を埋めるという作業でした。しかし、戦後日本の法体系が「戦時」を想定していないものである以上、この種の作業はやればやるほど「不備」を浮き彫りにしてしまい、かえって〈有事〉に対処するための新しい法律（第3分類法令）を制定することへの防衛庁とその周辺の意欲を高めたものを考えられます。

第4章　ソフト：憲法第9条 vs 戦争肯定論

◆〈有事法制〉研究の第3段階・新ガイドラインへの対応と法制化

　1970年代後半からはじまった〈有事法制〉研究の第2段階は、1978年の「日米防衛協力のための指針」（旧ガイドライン）と翌年のソ連軍のアフガニスタン侵攻によって激化した「ソ連脅威論」を「追い風」として急ピッチで進行しました。この時期において〈有事法制〉の前提となっている〈有事〉とは、ソ連軍による「大規模侵略」が第1に想定されていました。しかし、そのような「追い風」の中でも、防衛庁の〈有事法制〉研究は、いちおう「憲法の枠内」という制約を公言しなければ、研究自体ができませんでした。憲法第9条は、〈有事法制〉研究の前に立ちはだかり、国内における護憲運動の力は強く、それを正面から突破することは困難だったからです。

　ところが、1989年以降における東欧社会主義圏の急速な崩壊、ソ連邦の解体という事態は、米ソを軸とする世界の軍事的対抗の図式を一変させました。防衛庁・自衛隊が想定した〈有事〉の大前提は崩れ去ったかに見えました。

　しかしながら、東欧社会主義圏の崩壊とほぼ同時に進展した湾岸危機・湾岸戦争（1990〜1991年）は、自衛隊の「国際化」という新たな事態をもたらしたのです。ペルシャ湾への掃海艇派遣（1991年4月〜10月）とPKO協力法の成立（1992年6月）にともなう自衛隊PKO部隊のカンボジア（1992年9月〜1993年9月）への派遣によって、自衛隊の海外展開＝海外派兵という既成事実ができあがり、「国際貢献」という自衛隊の新しい性格づけがなされたのです。

　このような状況の中で、1997年9月、日米両政府は、新し

い「日米防衛協力のための指針」(新ガイドライン)に合意しました。もともとガイドラインは、アメリカ軍と自衛隊がソ連を仮想敵としての共同作戦の大筋をさだめたものでした(実際の作戦部分の細目は公表されていませんが)。1978年の旧ガイドラインは、日米共同して日本をソ連の「大規模侵略」から守り、なおかつアメリカ軍最大の脅威であったソ連海軍の太平洋方面への展開を阻止することを目標としていました。しばしば、旧ガイドラインでは、自衛隊が〈盾〉、在日米軍・第七艦隊が〈槍〉にたとえられました。その後、ソ連軍による「大規模侵略」への対処、ソ連海軍力の封じ込めというシナリオは、全く非現実的なものになったものの、日本の自衛隊は、在「アジア〜中東」米軍という性格を有するようになった在日米軍・第七艦隊と連携を強化したために、そのアメリカ軍の性格に規定されて、アメリカ軍の〈有事〉に対応せざるを得なくなっていくのです。

　また、新ガイドラインでは、日本以外で、自衛隊とアメリカ軍が協力しあう地域が、従来の「極東」から「日本周辺地域」へと地理的に拡大(曖昧化)され、日米が協力する条件を「日本の安全に重要な影響」が生じた場合から、「日本の平和と安全に重要な影響」が生じた場合へと、やはり概念的に拡大されました。新ガイドラインによれば、これを合意したことよって、「日本周辺地域」で有事発生の場合、日米両国は40項目にものぼる協力を約束したことになりました。

第4章　ソフト：憲法第9条 vs 戦争肯定論

◆〈有事法制〉がはらむ危険性

その後、最初にふれたように、2003年6月に「有事関連3法」＝「自衛隊法改正」「武力攻撃事態対処法」「安全保障会議設置法改正」が成立しましたが、これらの法律には、やはり非常に大きな問題点があったのです。

まず、3法全体にかかわる問題点として、〈有事法制〉が、日米軍事同盟にもとづく対米従属という、現在の日本軍事力の基本的性格を、あたかも存在しないかのように扱っていることがあげられます。しかしながら、日米軍事同盟を前提としている限り、しかもそのアメリカが、いつでも能動的に戦争を起こせる国家である限り、なにをもって〈有事〉であるかを認定する権限は、実質的には日本側にはない、ということです。

日本（日本国民）にとっては、本当に「敵」であるか否か、よく分からないものに対して、アメリカがそれを「敵」であると判断して、それへの武力攻撃へと独走し、日本がそれにひきずられて「武力攻撃事態」を認定せざるを得なくなるといったことこそ、もっとも起こりうる〈有事〉であるのです。それにもかかわらず、日本だけへの明示的な武力攻撃に対して、日本だけの主体的判断として〈有事〉が認定できるという非現実的な前提から出発して、これらの法案は作成されたのです。ハード（兵器）・システム（ガイドラインにもとづく相互協力）での日米の軍事一体化という既成事実が進展しているなかで、現実の国際情勢は、何を持って〈有事〉とするか、その認定のイニシアティブを日本側がとれることはありえません。〈有事〉の認定というもっとも国家としての主体性が必要であるその時

に、アメリカが〈有事〉であると認定したものに対して日本が「有事でない」と認定できる可能性はないといってよいでしょう。ハード・システム面での日米の軍事一体化の進展という日本がおかれた現実を覆い隠したうえで、あくまでも一般論としての〈有事〉（どこかの国が攻めてきたらどうする、という）を想定することは、実際にはどのように戦争が起きるのかという最も重要な問題を、まったく無視している議論なのです。

　また、「有事関連３法」には、内容もさることながら、その法律の考え方（ソフト）の面で、重大な危険性がはらまれています。その点だけ簡潔に説明しておきます。

　まず、この時の「自衛隊法改正」では、多くの他の法令の「特例措置」（戦時特例）を自衛隊法で規定するというやり方をとっています。前に述べた、第２分類法令の「改正」を、それらの個々の法律の「改正」ではなく、自衛隊法にその条項を盛り込むことによって他の法律に「特例措置」を設ける、というやり方で実施したのです。これでは、あたかも「自衛隊法」が憲法にかわって諸法令の上位法であるかのような状態になっています。この方法が定着すれば、自衛隊法は、事実上の「有事憲法」となってしまいます。また、この2003年の「改正」では盛り込まれていませんが、いずれ自衛隊員の命令違反を罰する軍法会議・軍律会議（民間人を裁く）の設置といった憲法で設置が禁止されている「特別裁判所」に類するものの設置へと発展する危険性を内包しています。

　「武力攻撃事態対処法」は、そもそも「武力攻撃」や「武力攻撃のおそれ」の定義自体があいまいであり、何をもって「武

力攻撃」の発動と見るのか、何をもって「武力攻撃のおそれ」があると認定するのか、といった基本的かつ重要な問題を含んでいますし、政府は、公海上を航行中の自衛隊艦艇などへの「武力攻撃」「武力攻撃のおそれ」をも含めて対処することを前提にしているようですが、そうなると共同行動中の米軍艦艇などが「武力攻撃」にさらされた場合、一線を画することは不可能になります。他国軍隊への攻撃に対して、自国軍隊への攻撃とみなすということになれば、これは堂々たる**「集団的自衛権」**の行使です。また、「武力攻撃事態対処法」は、法律の条文自体で新たな「事態対処法制」の整備をうたっており、前述した自衛隊法の事実上の「有事憲法」化とならんで、〈有事法制〉の無限定な自己増殖をまねく恐れがあるのです。事実、2004年には、この法律を根拠として、「有事関連7法案」が国会に提出され、成立しています。

「安全保障会議設置法改正」は、「武力攻撃事態法」と連動して内閣総理大臣への過度の権限集中を招き、行政権力の無限定な肥大化の危険性があるといわざるをえません。

〈有事法制〉の成立は、システムの面で、〈戦争ができる〉体制の構築を一歩進めたと言えますが、ソフトの面でも、従来の戦争否定論をしだいに掘り崩す役割をはたしたといえるでしょう。

3 軍事力構築計画としての「防衛計画の大綱」

◆「国防の基本計画」と防衛力整備計画

　この本では、日本の軍事力について、ハード・システム・ソフトを順を追って見てきましたが、ここであらためて戦後の軍事力構築の基本ソフト（考え方・方針）がどのように作られ、どのような特徴をもったものであるかを示しておきます。戦後における軍事力構築は、常にハード先行で無方針におこなわれてきたわけではなく、憲法第9条の制約の下に一定の方針・計画のもとに実施されてきました。

　1957年（昭和32）5月20日に戦後初の防衛計画の方針である「国防の基本方針」が閣議決定され、「自衛のため必要な限度において、効率的な防衛力を漸進的に整備する」[8]ことになりました。この「国防の基本方針」にもとづいて1958〜1960年度に「第1次防衛力整備計画（1次防）」、1962〜1966年度に「第2次防衛力整備計画（2次防）」、1967〜1971年度に「第3次防衛力整備計画（3次防）」、1972〜1976年度に「第4次防衛力整備計画（4次防）」が実施されました。「1次防」〜「4次防」の特徴は以下の通りです。

　「1次防」が始まる前には、陸上自衛隊13万人、海上自衛隊5万8000トン、航空自衛隊150機というレベルであった日本の軍事力は、「1次防」（1958〜1960年度）では地上戦力の増強を重点に、全体として「骨幹防衛力」を整備するとされ、陸上自衛隊18万人【17万人】、海上自衛隊12万4000

トン【9万9000トン】、航空自衛隊1342機【1133機】まで増強することが計画されました（【　】内は計画年度末における実際の数。艦艇・航空機は就役している数で建造中は含まない。「2次防」以降も同じ）。戦後初の国産戦車である61式戦車の配備が1960年度から始まり、国産護衛艦はすでに1956年度から「はるかぜ」型（1700トン）が就役していたましたが、「1次防」の時期になると「あやなみ」型（1700トン）・「むらさめ」型（1800トン）といった対潜水艦戦専用の護衛艦が続々と就役するようになりました。航空自衛隊は、アメリカのジェット戦闘機F‐86Fを1955年度から、F‐86Dを「1次防」の始まった1958年度から導入し始めました。

「2次防」（1962〜1966年度）では、防衛力整備の目標を「通常兵器による局地戦以下の侵略に対処すること」と定め、陸上自衛隊18万人【17万1500人】、海上自衛隊14万3700トン【11万6000トン】、航空自衛隊1036機【1095機】が整備目標となりました。「2次防」の時期に、海上自衛隊はさらに対潜水艦戦能力を強化した「やまぐも」型（2050トン）・「たかつき」型（3100トン）を就役させるとともに、初めて対空ミサイル搭載護衛艦（DDG）「あまつかぜ」（3050トン）が登場します。対空ミサイル搭載護衛艦（DDG）の発展型がのちのイージス護衛艦です。また航空自衛隊は、アメリカ空軍をはじめNATO軍でも採用されたF‐104J要撃戦闘機をこの時期に導入します。

「3次防」（1967〜1971年度）では陸上自衛隊18万人【17万9000人】・戦車660両【660両】、海上自衛隊14万2000

写真9 「はるな」型護衛艦

トン【14万4000トン】、航空自衛隊880機【940機】とされました。この「3次防」においては、地上戦闘での「機動力の向上」のために、大型・中型のヘリコプターの大量導入が始まるとともに、「防空力の強化」のために国産化されたホーク地対空ミサイル（陸自）とナイキJ地対空ミサイル（空自）が配備されました。また、「海上防衛力の強化」のために、対空ミサイル搭載護衛艦（DDG）「たちかぜ」型（3850トン）の導入が始まり、海上自衛隊独特の艦種であるヘリコプター搭載護衛艦（DDH）の最初の世代である「はるな」型（4700トン、のちに改造され4950トン／ヘリ3機搭載）（写真9）2隻が就役しました。また、国産の対潜哨戒機P-2Jと対潜飛行艇PS-1の配備が始まりました。航空自衛隊は、アメリカ軍がベトナム戦争でもさかんに使用したF-4EJファントム要撃戦闘機を導入し始めました。この「3次防」の頃から、自衛隊の戦力は質的にかなり高度なものになるともに、アメリカの対ソ軍事戦略の一翼を担うものとして対ソ防空戦・対潜水艦戦に偏っ

たものになっていくのです。

「4次防」（1972〜1976年度）では陸上自衛隊18万人【18万人】・戦車820両【790両】、海上自衛隊21万4000トン【19万8000トン】・対潜航空機200機【190機】、航空自衛隊770機【840機】が整備目標とされました。この「4次防」から陸上自衛隊の「機動力と火力の向上」の中核として国産新型の74式戦車が配備され始め、海上自衛隊では第2世代のヘリコプター搭載護衛艦（DDH）「しらね」型（5200トン／ヘリ3機搭載）2隻が就役しました。また、「1次防」から国産化され次第に増強されてきた潜水艦は、「3次防」「4次防」では、ほぼ毎年1隻ずつ増加（更新）されるようになり、「4次防」完結時には14隻になりました。

◆第1次「防衛計画の大綱」と軍事力の高度化

「4次防」までつづいた「国防の基本方針」にもとづく軍事力の整備は、国際情勢の変化、すなわち米ソ対立の緩和＝「デタント」に対応するとして、抜本的に改められることになりました。第3章でも述べたように、実際にはこの「デタント」はまったく表面的なもので、米ソの軍拡競争は海洋（海中）を主な舞台として新たな段階に入っていました。1976年10月29日、今後の防衛のあり方の指針を示すものとして「昭和52年度以降に係る防衛計画の大綱」（以下、第1次「大綱」と記す）が閣議決定されました。

この第1次「大綱」（1977〜1995年度）では、「限定的かつ小規模な侵略までの事態に有効に対処し得る」防衛力を整備

するとされ、「大綱」の別表では、整備すべき「基盤的防衛力」として、陸上自衛隊は18万人（12個師団・2個混成団・1個機甲師団・1個特科団・1個空挺団・1個教導団・1個ヘリコプター団・8個高射特科群）、海上自衛隊は、「対潜水上艦艇」約60隻・潜水艦16隻・作戦用航空機約220機、航空自衛隊は、作戦用航空機約430機とされました。「別表」には、「この表は、この大綱策定時において現有し、又は取得を予定している装備体系を前提とするものである」との但し書きがつけられていましたが、「4次防」までで計画が明示されていた戦車やヘリコプターの具体的な数量、艦艇の総トン数や兵器の質は示されませんでした。したがって、一見すると現状を維持するかのような第1次「大綱」ではあったのですが、兵器の高性能化・大型化などを縛るものではなかったのです。そして実際には、対ソ戦争を想定した3海峡封鎖・宗谷岬確保などの軍事戦略を前提とした歪んだハードが構築されていくことになります。

　この第1次「大綱」と1978年に合意された旧ガイドラインにもとづいて、陸上自衛隊では機動打撃力の中核として74式戦車の配備が本格化するともに（1991年度からは新型の90式戦車を導入）、1978年度からアメリカ製のAH-1S対戦車ヘリコプターの配備が始まりました。海上自衛隊では、「1次防」「2次防」で整備された旧式護衛艦の更新が続々と行われ、対潜ヘリコプター1機を搭載して対潜水艦戦能力を強化するともに、対艦・対空ミサイルも装備した〈汎用護衛艦〉が登場します。〈汎用護衛艦〉の最初は、1981年度に完成した「はつゆき」型（2950トン）で、この型は1986年度までになん

と12隻も就役しました。さらに「はつゆき」型〈汎用護衛艦〉の拡大改良版として1987年度には「あさぎり」型（3500トン）が登場し、この型も1990年度までに8隻が就役しました。第1次「大綱」にもとづき1980〜1990年代に、海上自衛隊は「2次防」までに就役した旧式対潜艦艇を一挙に更新したのです。また、従来、対空ミサイル搭載護衛艦（DDG）とされていた艦種は、対艦ミサイルも装備し、ミサイル搭載護衛艦（DDG）となり、新たに「はたかぜ」型（4600トン）が1985年度に、さらにイージス艦「こんごう」型（7250トン）が1992年度に就役しました。

〈汎用護衛艦〉の登場によって、海上自衛隊の中核的戦力は、ヘリコプター搭載護衛艦（DDH）・ミサイル搭載護衛艦（DDG）とその両方の機能をあわせもつ〈汎用護衛艦〉という3本柱から構成されるようになったのです。これによって、3本柱が1つとなって艦隊（自衛隊では「護衛隊群」という）を編成すれば対潜水艦作戦を中心に機能するヘリコプター機動部隊ができあがることになりました。また、この時期に航空自衛隊では、1977年度にF‐1支援戦闘機を、1980年度からはF‐15J要撃戦闘機を導入するとともに、1988年度からはパトリオット地対空ミサイルの配備を始めるなど、戦闘能力をさらに質的に向上させたのです。

◆第2次「防衛計画の大綱」とハード先行

第1次「大綱」にもとづいて対ソ戦のための軍事力を強化してきた自衛隊ですが、米ソ冷戦の終結、ソ連邦の崩壊などに

より、軍事力構築の大前提が一変してしまいました。湾岸戦争（1991年）により自衛隊の海外展開という既成事実が作られましたが、どのような軍事力を構築するかという方針は明確になっていませんでした。新しい方針は、1995年（平成7年）11月28日に「平成8年度以降に係る防衛計画の大綱」（以下、第2次「大綱」と記す）として閣議決定されました。

　この第2次「大綱」（1996～2004年度）は、これからの日本の軍事力をどのようにするかという明確な方針をもてないままに、〈有事〉の際の日米協力をより明確にするという、アメリカへの〈協力〉だけは何が何でも継続する、というものでした。この第2次「大綱」の「別表」では、今後、整備すべき「基盤的防衛力」として、陸上自衛隊は編成定数16万人（常備自衛官定員14万5000人、即応予備自衛官1万5000人／8個師団・6個旅団・1個機甲師団・1個空挺団・1個ヘリコプター団・8個高射特科群）、主要装備として戦車約900両、主要特科装備（主として自走砲）約900門、海上自衛隊は、護衛艦約50隻・潜水艦16隻・作戦用航空機約170機、航空自衛隊は、作戦用航空機約400機（うち戦闘機約300機）とされました。対ソ戦の脅威が薄らぎ、陸上自衛隊をスリム化の方向性をしめしつつ、第1次「大綱」とは異なり、戦車などの所要数量を示し、機動打撃力は低下させないこと明らかにしました。また、第1次「大綱」と同じように、ヘリコプターの具体的な数量、艦艇の総トン数や兵器の質は示されませんでしたので、この「別表」の枠内ではあっても、兵器体系のいっそうの高度化を図ることは十分に可能でした。実際、大綱発表

第4章　ソフト：憲法第9条 vs 戦争肯定論

時の内閣官房長官の談話では「今後の防衛力の内容については、……その合理化・効率化・コンパクト化を一層進めるとともに、必要な機能の充実と防衛力の質的向上を図る」とされていました。

　実際に、第2次「大綱」策定以後、自衛隊戦力は海外展開能力の向上を軸として、飛躍的に増強されるのです。ただし、第2次「大綱」は、冷戦後の日本の軍事力をどういったものにするかという明確な方向性を打ち出すことに失敗していますが、その曖昧さがかえって、ハードによる既成事実の先行を許す原因になりました。

　この第2次「大綱」と1997年に合意された新ガイドラインにもとづいて、陸上自衛隊では機動打撃力の中核として90式戦車の配備を本格化させました。海外展開能力の要である海上自衛隊では、旧式護衛艦の更新がさらに行われ、第1次「大綱」のもとで建造された最初の〈汎用護衛艦〉「はつゆき」型の後継艦として「むらさめ」型（4550トン）が1995年度以降、2002年度までに9隻が、同じく〈汎用護衛艦〉「あさぎり」型の後継艦として「たかなみ」型（4650トン）が2002年度に就役し、2005年度末までに5隻が完成することになります。また、第2章で説明したように、ミサイル搭載護衛艦（DDG）は「こんごう」型が1997年度までに4隻まで増強されるとともに、「たちかぜ」型の代替艦として改「こんごう」型（7700トン）2隻の建造が進められています（1番艦は2006年度、2番艦は2007年度完成予定）。ヘリコプター搭載護衛艦（DDH）も初代の「はるな」型の代替艦として

〈16DDH〉（1万3500トン）の建造が2004年度予算で承認されていますので、ヘリコプター搭載護衛艦（DDH）・ミサイル搭載護衛艦（DDG）・〈汎用護衛艦〉の3本柱は、全体としてバージョンアップされることになりました。さらに、「おおすみ」型輸送艦（8900トン）が1997年度から、「ましゅう」型補給艦（1万3500トン）が2003年度から就役し、海外展開能力がさらに高められています。

◆第3次「防衛計画の大綱」の現状追認的性格

第2次「大綱」期におけるハード先行の是正（実際には追認）とその後の国際情勢に対応するために、2004年（平成16年）12月10日、「平成17年度以降に係る防衛計画の大綱」（以下、第3次「大綱」と記す／政府・防衛庁では「新防衛大綱」と呼んでいる）が閣議決定されました。この第3次「大綱」では、「わが国に対する本格的な侵略事態生起の可能性は低下する一方、我が国としては地域の安全保障上の問題に加え、新たな脅威や多様な事態に対応することが求められている」として、冷戦期における米軍の対ソ作戦支援のための偏った軍事力から脱却するともに、「新たな脅威と多様な事態」としてのテロや北朝鮮の弾道ミサイル・ゲリラ・特殊部隊による攻撃などに対処し、「国際社会が協力して行う活動」（実質的にはアメリカ軍を支援する活動）に取り組むことを明らかにしています。基本的に従来からの対米協力という枠組みを継承しつつ、表向きは北朝鮮、潜在的には中国の動きに対応しようというものです。もう少し詳しく見てみましょう。

第4章　ソフト：憲法第9条 vs 戦争肯定論

　第3次「大綱」（2005年度〜）では、「新たな脅威や多様な事態への実効的な対応」を掲げ、対応すべきものとして、①弾道ミサイル攻撃、②ゲリラや特殊部隊による攻撃等、③島嶼部に対する侵略、④周辺海空域の警戒監視及び領空侵犯対処や武装工作船等、⑤大規模・特殊災害等が挙げられています。また、注目すべきは、「本格的な侵略事態への備え」として次のように述べられていることです。

　見通し得る将来において、我が国に対する本格的な侵略事態生起の可能性は低下していると判断されるため、従来のような、いわゆる冷戦型の対機甲戦、対潜戦、対航空侵攻を重視した整備構想を転換し、本格的な侵略事態に備えた装備・要員について抜本的な見直しを行い、縮減を図る。

これに続く部分に「防衛力の本来の役割が本格的な侵略事態への対処であり、……最も基盤的な部分を確保する」とはあるのですが、これは明らかにタイトルの「本格的な侵略事態への備え」とは矛盾したことが書かれています。本来、1995年の第2次「大綱」の時点で述べられなければならなかったことが、さらに10年遅れて表明されているのです。
　また、この第3次「大綱」の「別表」では、今後、整備すべき防衛力として、陸上自衛隊は編成定数15万5000人（常備自衛官定員14万8000人、即応予備自衛官7000人／8個師団・6個旅団・1個機甲師団・中央即応集団・8個高射特科群）、主要装備として戦車約600両、主要特科装備（主とし

て自走砲）約600門、海上自衛隊は、護衛艦47隻・潜水艦16隻・作戦用航空機約150機、航空自衛隊は、作戦用航空機約350機（うち戦闘機約260機）とされており、これらの中に含まれる「弾道ミサイル防衛に使用し得る主要装備・基幹部隊」としてイージスシステム搭載護衛艦4隻、航空警戒管制部隊（地上レーダー）7個警戒群・4個警戒隊、地対空誘導弾部隊（パトリオットPAC - 3）3個高射群となっています。

　最後の弾道ミサイル防衛（BMD）に関しては、すでに2003年12月19日に「弾道ミサイル防衛システムの整備等について」という閣議決定がなされていて、日本を目標にして発射された弾道ミサイル（明らかに北朝鮮を想定）に対しては、イージス艦のレーダーと地上レーダーによって探知・追尾し、その弾頭をイージス艦の対空ミサイルによって上層（大気圏外）で破壊するか、下層（大気圏再突入時）にパトリオットPAC - 3地対空ミサイルで要撃するというBMD整備構想・運用構想が実施に移されています（図5）。したがって弾道ミサイル防衛については、第3次「大綱」で新たに出てきたことではなく、「大綱」は既成事実を追認したにすぎないと言えます。

　また、第3次「大綱」に「新たな脅威や多様な事態への実効的な対応」として掲げられた5項目は、すでに2003年に編成された2004年度防衛予算案にすべてが挙げられているのです。つまり、第3次「大綱」という原則（ソフト）が確定する前に、実際には、装備（ハード）の予算請求が行われていたということです。「大綱」が決定する前の2004年度予算と決定後の2005年度予算では、前記5項目への予算配分はほとんど変

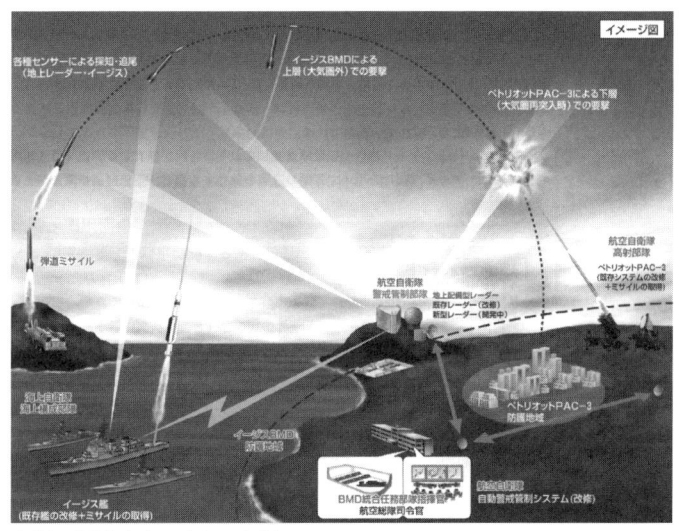

第4章 ソフト：憲法第9条 vs 戦争肯定論

図5　弾道ミサイルの防衛

出典）『防衛白書　平成 17 年版』

わっていないばかりか、「武装工作船等への対応」予算はむしろ減っています。どうやら、第3次「大綱」というものは、防衛力整備の将来構想というよりも、湾岸戦争以来のハード先行の事態を追認するためのものという感じがしてなりません。

　第3次「大綱」では、前述したように「冷戦型」軍事力からの転換が表明されていますが、実態は、「冷戦型」軍事力を解体して、新たなものを構築するということではなく、もともと非常にいびつであった「冷戦型」軍事力の土台の上に、海外展開能力やら「新たな脅威や多様な事態」への対応能力といったこれまたいびつな軍事力を上乗せするものではないかと思われ

ます。なぜなら、まさに「冷戦型」軍事力＝対ソ潜水艦戦の象徴であるヘリコプター搭載護衛艦（DDH）を旧式艦の代替と称して、はるかに強力なものにするなど、「冷戦型」軍事力を基本的にそのままにした上で、あらたなアメリカへの協力ための能力を上乗せをしようとしているとしか思えない予算とハードの作り方がなされているからです。

4　改憲の動き
——〈戦争ができる〉ためのソフトづくり——

◆改憲ソフトとしての〈歴史修正主義〉

戦争をやりやすくするためには、「戦争をするのは当たり前のことだ」「戦争というのは国家の当然の選択肢なのだ」と考える人たちが若者の多数を占めるようになることが必要です。戦争のために命を投げ出すことを「名誉」だと感ずる価値観をもった人たちが、多数存在すれば、さらに戦争はやりやすくなることは確かです。

逆に、戦争に対して批判的な価値観、あるいは歴史観をもった人たちが、社会の中で一定程度存在していれば、国家は、簡単に戦争という道に踏み出すことはできないということになります。人間の価値観というものは、その人個人の体験や両親・兄弟・友人・教育の影響によって形成されることが多いのですが、自分では意識していなくても、自分が所属している集団（小は家族から始まって、学校・会社・サークル、地方自治体、大は国家・民族にいたるまで）が歩んできた道をどのようにと

第4章 ソフト：憲法第9条 vs 戦争肯定論

らえるのか（すなわち〈歴史認識〉）ということに左右されることが多いようです。たとえば、「日本という国家に属する人間は、昔から勇敢に戦ってきたのだ」という〈歴史認識〉を幼少の頃から刷り込まれて育った人は、かなりの確率で、「国家のために戦って命までも投げ出すことを国家の構成員として名誉なことだ」と考える価値観を有することになるでしょう。

しかし、厄介なことは、この国家レベルにおける〈歴史認識〉なるものが、意図的に作成された、史実とは異なる歴史叙述によって形成されてしまうことがあるということです。それゆえに、歴史教科書の問題、〈歴史修正主義〉の問題というのも、まさにどのような価値観・戦争観をもつ人間をつくるかということにストレートに結びついてくる問題なのです。なお、ここでいう〈歴史修正主義〉とは、従来の戦争犯罪などの史実をあえて無視して、そういったことは「無かった」とか「小さなものだった」と主張することによって、戦争や植民地支配の犯罪的側面を隠蔽する議論をさします[9]。

〈歴史修正主義〉の流れは、最近の世界的な傾向といえるものですが、日本の場合は「戦後50年」の1995年頃から非常に強まってきました。なぜ、その時期から強まってきたのか、ということについては、いくつかの要因が考えられますが、とりわけ重要なのが湾岸戦争（1991年）の影響です。湾岸戦争によって戦争に対する見方が変わった、という人は少なくありません。〈悪〉を打倒し、〈正義〉を確立するための戦争というものもあるのだ、というアメリカが主張した「ならずもの国家」イラクを打倒する「正義の戦争」論（「正戦論」）に、取り

込まれてしまったのです。

　困ったことに、眼前に展開される戦争に触発されて「正義の戦争」という考え方を抱くと、それが〈歴史認識〉に跳ね返ってくるということです。つまり、現実の、目の前で展開されている戦争を見て、「正義の戦争」というものがあると思った人は、過去の歴史まで「正義の戦争」というのがあったはずだという眼で見るようになるのです。

　2001年9月の「同時多発テロ」からアフガンでの「対テロ戦争」もそのような作用を及ぼしたと思われます。現実におこっている戦争が、その時代に生きている人たちの〈戦争認識〉と〈歴史認識〉を急激に変えていく可能性があり、私たち憲法第9条の理念を守ろうとする者は、そのような急転が生じないように注意する必要があります。

　もちろん、人々の〈戦争認識〉と〈歴史認識〉を急激にではないにせよ、ジワジワと変えていく流れも存在します。それが、歴史教育によって形成される潮流です。2005年の中学校の教科書採択でもずいぶん問題になった、「新しい歴史教科書をつくる会」が中心になって編集した中学校教科書『改訂版・新しい歴史教科書』(扶桑社、以下、『改訂版』と記す)や現在、若干の高校で使用されている高校教科書『最新・日本史』(明成社)に共通する歴史観＝〈歴史認識〉は、パワーポリティックスの肯定史観ということです。戦争というのは国家にとって当然の選択肢であると強調する教科書であると言ってよいでしょう。前に述べたように、憲法第9条は、このパワーポリティックスそのものの〈放棄〉をうたったものですから、こららの教科

書は、反9条の価値観（ソフト）を養成するものだと言ってもよいと思います。

〈歴史修正主義〉を唱える論者たちが何が言いたいのかというと、近代において国家は、軍事力を背景として勢力圏をあらそい、時には激しく衝突してきた。その延長線上に現代があって、当然、軍事力や戦争といったものをパワーポリティクスを行使するカードとして持てる国、これが「普通の国家」なのだ、ということなのです。

「新しい歴史教科書をつくる会」は、2005年の教科書採択でも、彼らはシェア10％をとるつもりだったようですが、歴史で0.4％、公民で0.2％程度しか獲得できず、基本的に敗北したと言ってよいでしょう。それは、広範な市民運動が「つくる会」が作成した教科書に、「戦争への道」を敏感に感じ取り、反撃したことがかれらが敗退した主たる要因であるといえます。しかし、そうはいっても、日本社会においては、この「つくる会」教科書と価値観を同じくするような人々が少なからず存在していることも確かですし、それはあなどれない影響力をもっています。

◆「つくる会」教科書とそれを支える〈靖国の思想〉

「つくる会」の歴史教科書『改訂版』は『旧版』（2001年）にくらべて若干ながら教科書として洗練された感がありますが、それでも戦争の叙述を貫く基本的な歴史認識・主張は全く変わっていません。植民地支配や戦争を歴史的教訓として反省し、そこから何ものかを学びとろうとするのではなく、戦争は国家

の当然の選択肢であり、日本国憲法第9条に代表される戦争否定の価値観をなんとか変質させて、戦争肯定の価値観を育成しようとするものに他なりません。たとえば、東京裁判とGHQによるマスコミへの検閲について『改訂版』は、「こうした宣伝は、東京裁判と並んで、日本人の自国の戦争に対する罪悪感をつちかい、戦後の日本人の歴史に対する見方に影響をあたえた。」[10]とするなど、過去の戦争を反省する必要などないと堂々と主張しています。この教科書は、現代の若者にも定着している戦争否定の思想を転換させようとしているのです。これは、この『改訂版』とペアをなしている『新しい公民教科書新訂版』が、大日本帝国憲法を称揚する一方で、日本国憲法を「世界最古の憲法」[11]などと呼び、憲法改正をしばしば行っている他国の事例を表などで強調し、さらに「憲法で国民に国を守る義務を課している国は多い」[12]などと「国を守る」ことの崇高さを力説していることからも、「つくる会」が戦争否定思想の転換、改憲とりわけ第9条の抹殺・改変をねらっていることは明らかです。この公民教科書における憲法学習では、「国民主権」「平和主義」の次に、「基本的人権の尊重」よりも前に「憲法改正」という項目を設けています。「平和主義」の最初の小見出しは「自衛隊の誕生」ですし、上述の「国防の義務」については、なんと「基本的人権の尊重」の中の小見出し「公共の福祉と国民の義務」に記述されているのです。

　また、『改訂版』は、日本がおこなった過去（近代）の戦争の原因をほとんど他国・他民族による日本圧迫・日本排斥にもとめるなど、著しい排外主義に貫かれており、隣接諸国（中

国・韓国・北朝鮮）への強硬外交を求めるねらいもあるものと考えられます。『旧版』では反米的な叙述が目立ちましたが、『改訂版』では反米色がやや後退した反面、排日運動の強調にも見られるように『旧版』以上に反中国的な傾向が見られます。アメリカとの同盟路線を堅持しながら、中国との対決を強めていくという外交路線を求めるものであると思われます。

　現在、アメリカの戦略のもとでの日米軍事一体化を前提にして日本で進行している戦時体制づくりは、ハード（兵器体系・設備）が先行し、それにシステム（法律・制度・組織）が追随し、それに対応したソフト（人材・価値観・戦略）づくりが進められる、という明らかに転倒した流れになっています。ハード面が最も先行し、システム・ソフトがそれにあわせて整備されつつあります。システム・ソフトの双方にかかわるのが改憲（憲法９条の削除あるいは改変）の動きですが、「つくる会」の『改訂版』教科書も、戦争が国家のあたりまえの選択肢であり、戦争に訴えることを是とする価値観をもつ若者をつくるという、まさにソフトづくりの一端をになうものであるといえましょう。

　『改訂版』の〈戦争認識〉〈歴史認識〉について批判をくわえてきましたが、『改訂版』の基本的な理念とでもいうべきものを抽出すれば、過去にさかのぼっての①戦争肯定、②他国・他民族排斥、③国家（天皇）中心の思想であるといえます。また、「大東亜戦争」に関する記述の中では、「このような困難の中、多くの国民はよく働き、よく戦った。それは戦争の勝利を願っての行動であった」[13]とするなど、④戦争の性格を棚上げにして、無条件でその犠牲を神聖視しています。学徒動員や特

攻についてもそういった文脈でとらえられています。これら①から④までの思想とは、まさに〈靖国の思想〉と重なり合うものです。

　例えば、①戦争肯定思想と②戦争の性格棚上げに関して言えば、靖国神社は、「戦没者の慰霊」施設であると言われ、自らもそのよう主張していますが、その「慰霊」とは、けっして戦争を起こしてはならないという戦争への反省という立場からのものではありません。それは、靖国神社の宝物と「祭神」(さいじん)(戦没者)の遺品を展示した遊就館の展示と解説を見れば明らかで、そこにはひたすら戦没者の尊さが強調されているだけで、戦争への反省は微塵もないのです。そもそもアジア太平洋戦争敗戦まで、靖国神社は国家の戦争遂行には不可欠の装置でした。当時の日本人は、靖国神社に「英霊」として祀(まつ)られることが、天皇と国家への忠誠の模範であり、最高の名誉と教え込まれていました。日本軍の将兵は、最高司令官としての天皇に無条件の忠節を誓い、戦死すれば「護国の英霊」として天皇によって靖国神社に祀られました。靖国神社は〈天皇の軍隊〉としての一体性を構築するための日本軍にとっての不可欠な機関であり、次の「英霊」を作るための国民に対する精神教育の場でもあったのです。このように、戦前における「英霊」を再生産するという、戦争推進政策の重要な役割を担っていた靖国神社が、その点についての何らの反省もないままに戦争犠牲者を「慰霊」し続けているとすれば、それはまさに現代における戦争肯定思想の策源地といえるでしょう。

　また、②他国・他民族排斥、③国家(天皇)中心という点で

第4章　ソフト：憲法第9条 vs 戦争肯定論

は、靖国神社は「戦没者の慰霊機関」であるといいながら、そこに祀られているのは、幕末・維新期以来の天皇側の戦没者、しかも軍人・軍属・軍属あつかいの人々だけです。アジア太平洋戦争における日本人犠牲者の数は、310万人以上といわれていますが、そのうち靖国神社に合祀されているのは231万3915人（2004年10月17日現在）であって、実に80万人近くが「慰霊」の対象から除かれているのです。靖国神社に祀られる基準は、〈天皇の軍隊〉とその軍隊が行った戦争に、どれだけ軍側から貢献したか、ということであり、日本人であっても純然たる民間人の犠牲者はその「慰霊」から除外されているだけでなく、戦争で最大の犠牲を強いられたアジア諸国の犠牲者については、まったく考慮されていないのです。つまり、「戦没者の慰霊」といっても、そこには国籍の違い、軍と民間という大きな垣根を設けた差別選別の上での「慰霊」なのです。

　一方、朝鮮・台湾の旧植民地出身の「戦没者」も本人・遺族の意思とは無関係に合祀されていますし、本人・遺族の宗教的な信条とも全く無関係に祀られているのです。つまり、靖国神社は、一方では、いかに天皇につくしたかという観点から国籍と軍との関わり方という垣根を設け、他方では、本人・遺族の意思とはまったく無関係に合祀されるという大きな矛盾をかかえこんだ「慰霊機関」なのです。

　①から④の特徴をもつ〈靖国の思想〉は、靖国神社への首相をはじめとする公人が〈公式参拝〉を正当化するための思想であり、戦没者を〈神〉にしてしまうことで、戦争による死を無条件に尊いものとし、戦争に対する批判を封じ込める役割を果

たしています。戦争とそれに対する国民の貢献という観点から歴史・政治を描く「つくる会」教科書は、思想的にはまさにこのような〈靖国の思想〉に支えられているものであり、その拡大再生産による憲法第9条の理念の破壊・改変をねらうものであるといえます。

(1)『現代日本史資料』上(東京法令出版、1986年)459頁。公表された原文は、漢字カタカナですが、ここでは旧字を新字に、カタカナをひらがなに直し、句読点を加えました。以下、同じです。
(2) 同前、467頁。
(3)『帝国議会衆議院議事速記録』1946年6月28日。当時、「戦争放棄」は「戦争抛棄」と書かれていますが、ここでは「放棄」に変えました。また、一部の漢字をひらがなに直しました。
(4) 同前。
(5)『防衛ハンドブック 平成12年度版』(朝雲新聞社、2000年)540頁。
(6)『防衛ハンドブック 平成17年度版』(朝雲新聞社、2005年)595頁。
(7)「三矢研究」についてくわしくは、山田朗「有事立法の現段階──有事法制定策動の歴史と新ガイドライン──」、憲法会議編『月刊・憲法運動』第266号(1997年12月号)を参照してください。
(8) 戦後日本のさまざまな防衛計画の文言や数字については、前掲『防衛ハンドブック 平成17年度版』所収のものを使用しました。
(9)〈歴史修正主義〉の特徴とそれへの批判については、拙著『歴史修正主義の克服─ゆがめられた〈戦争論〉と問う─』(高文研、2001年)を参照してください。
(10)『市販本・新しい歴史教科書 改訂版』(扶桑社、2005年)215頁。この教科書の内容に対する歴史学者の具体的な批判については、歴史学研究会編『歴史研究の現在と教科書問題─「つくる会」教科書を問う─』

(青木書店、2005年)を参照してください。
(11)『市販本・新しい公民教科書 新訂版』(扶桑社、2005年) 78頁。
(12) 同前、81頁。
(13) 前掲、『市販本・新しい歴史教科書 改訂版』209頁。

第5章　現在にいたる日本の戦争と軍事力の歴史

　ここでは、近代以降の日本の軍備拡張と戦争の歴史をふり返ります。戦後、憲法第9条の〈戦争放棄〉〈戦力不保持〉という理念が、なぜ多くの国民に支持されてきたか、それを理解するためには、その対極にあった〈戦争推進〉〈戦力拡大〉の戦前の歴史を知っておく必要があります。まず、戦前の軍備拡張と戦争の歴史について概観します[1]。なお、戦前の軍事費と軍事力の変遷については、表6・表7を参照してください。また一般に、戦前と戦後の歴史は分離されて叙述されることが普通で、ここでも便宜的に節を分けますが、重要なのはむしろその連続性です。戦前の軍隊は、敗戦によって完全に解体されてしまったのではなく、戦後の再軍備においても、戦前の職業軍人が重要な役割をはたしました。戦前・戦後の軍拡と戦争の歴史をふりかえったうえで、アジアと日本をめぐる現在の軍事情勢を見ておくことにします。

1　戦前の軍拡と戦争の歴史

◆「脱亜入欧」の近代化と日清・日露戦争

　明治維新以降の日本の歴史は、対外膨張の歴史であり、「脱亜入欧」の近代化の道でした。明治政府は、いまだみずからの

表6 戦前日本の軍事費の変遷

年　度		歳出総額①[1)]	総軍事費②[2)]	総軍事費の対歳出総額 ②／①	GNP ③[3)]	対GNP比②／③
		万円	万円	%	万円	%
1887	明20	7945	2245	28.26	8億1800	2.74
1888	21	8150	2279	27.96	8億6600	2.63
1889	22	8971	2358	29.59	9億5500	2.47
1890	23	8213	2569	31.28	10億5600	2.43
1891	24	8356	2368	28.34	11億3900	2.08
1892	25	7674	2377	30.97	11億2500	2.11
1893	26	8458	2283	26.99	11億9700	1.91
1894	27	1億8530	1億2843	69.31	13億8800	9.60
1895	28	1億7863	1億1705	65.52	15億5200	7.54
1896	29	1億6885	7341	43.48	16億6600	4.41
1897	30	2億2368	1億1054	49.42	19億5700	5.65
1898	31	2億1976	1億1243	51.16	21億9400	5.12
1899	32	2億5417	1億1431	44.97	23億1400	4.94
1900	33	2億9275	1億3317	45.49	24億1400	5.52
1901	34	2億6686	1億0225	38.32	24億8400	4.12
1902	35	2億8923	8577	29.65	25億3700	3.38
1903	36	3億1597	1億5092	47.76	26億9600	5.60
1904	37	8億2222	6億7296	81.85	30億2800	22.22
1905	38	8億8794	7億3058	82.28	30億8400	23.69
1906	39	6億9675	3億7873	54.36	33億0200	11.47
1907	40	6億1724	2億1466	34.78	37億4300	5.74
1908	41	6億3636	2億1338	33.53	37億6600	5.67
1909	42	5億3289	1億7540	32.91	37億8000	4.64
1910	43	5億6915	1億8363	32.26	39億2500	4.68
1911	44	5億8538	2億0375	34.81	44億6300	4.57
1912	大1	5億9360	1億9961	33.63	47億7400	4.18
1913	2	5億7363	1億9189	33.45	50億1300	3.83
1914	3	6億1799	3億0457	49.28	47億3800	6.43
1915	4	5億9545	2億3641	39.70	49億9100	4.74
1916	5	5億9853	2億5654	42.86	61億4800	4.17
1917	6	6億3982	3億4551	54.00	85億9200	4.02
1918	7	11億4281	5億8007	50.76	118億3900	4.90
1919	8	13億1936	8億5630	64.90	154億5300	5.54
1920	9	15億4917	9億3164	60.14	158億9600	5.86

第5章 現在にいたる日本の戦争と軍事力の歴史

年　度		歳出総額①[1]	総軍事費②[2]	総軍事費の対歳出総額②／①	GNP③[3]	対GNP比②／③
		万円	万円	%	万円	%
1921	10	15億9860	8億3792	52.42	148億8600	5.63
1922	11	15億1518	6億9030	45.56	155億7300	4.43
1923	12	15億4951	5億2753	34.05	149億2400	3.53
1924	13	16億4451	4億9707	30.23	155億7600	3.19
1925	14	15億2682	4億4801	29.34	162億6500	2.75
1926	昭1	15億7883	4億3711	27.69	159億7500	2.74
1927	2	17億6572	4億9461	28.01	162億9300	3.04
1928	3	18億1486	5億1717	28.50	165億0500	3.13
1929	4	17億3632	4億9752	28.65	162億8600	3.05
1930	5	15億5786	4億4426	28.52	146億7100	3.03
1931	6	14億7688	4億6130	31.23	133億0900	3.47
1932	7	19億5014	7億0154	35.97	136億6000	5.14
1933	8	22億5466	8億5386	37.87	153億4700	5.56
1934	9	21億6300	9億5190	44.01	169億6600	5.61
1935	10	22億0648	10億4262	47.25	182億9800	5.70
1936	11	22億8218	10億8889	47.71	193億2400	5.63
1937	12	47億4232	32億7794	69.12	228億2300	4.36
1938	13	77億6626	59億6275	76.78	263億9400	22.59
1939	14	88億0294	64億6808	73.48	312億3000	20.71
1940	15	109億8276	79億4720	72.36	368億5100	21.57
1941	16	165億4283	125億0342	75.58	448億9600	27.85
1942	17	244億0638	188億3674	77.18	543億4300	34.66
1943	18	380億0102	298億2882	78.49	638億2400	46.74
1944	19	861億5986	735億1467	85.32	745億0300	98.67
1945	20	379億6125	170億8768	45.01	……	……

1) 一般会計と臨時軍事費特別会計との合計。
2) 陸海軍省費(経常費と臨時軍事費)と徴兵費の合計。
3) GNP(国民総生産)は名目値(1940年までは大川一司、1941年以降は経済企画庁による計算値)。
出典) ①、②は、大蔵省『昭和財政史』第4巻、東洋経済新報社、1955年。③は、安藤良雄編『近代日本経済史要覧』東京大学出版会、1975年。

表7　近代（戦前）日本の軍事力の変遷

年次		将兵数[1]			艦艇数		航空機数		
		合計	陸軍	海軍	隻数	トン数	合計[3]	陸軍[2]	海軍
1869	明治2	—	—	—	4	3416	—	—	—
1871	〃4	1万6639	1万4841	1798	14	1万2351	—	—	—
1872	〃5	2万0542	1万7901	2641	14	1万2351	—	—	—
1885	〃18	6万5523	5万4124	1万1399	25	2万8243	—	—	—
1894	〃27	13万8091	12万3000	1万5091	55	6万2866	—	—	—
1895	〃28	14万6596	13万0000	1万6596	69	7万7536	—	—	—
1900	〃33	18万1111	15万0000*	3万1114	112	21万2933	—	—	—
1904	〃37	94万0777	90万0000	4万0777	147	23万6558	—	—	—
1905	〃38	103万4959	99万0000	4万4959	171	34万1643	—	—	—
1912	大正1	28万7638	22万7861	5万9777	192	53万3386	1	—	1
1914	〃3	29万2325	23万1411	6万0914	157	57万1752	12	—	12*
1919	〃8	33万8379	26万0753	7万7626	177	70万1868	116	72	44*
1923	〃12	31万8911	24万0111	7万8800	240	85万4085	324	153	171*
1926	昭和1	29万6237	21万2745	8万3492	267	95万9657	483	267	216*
1931	〃6	32万1333	23万3365	8万7968	282	109万0231	630	267	363*
1932	〃7	32万8307	23万4000*	9万4307	271	112万1488	652	267	385*
1937	〃12	107万6890	95万0000	12万6890	290	118万7777	1559	549	1010
1940	〃15	154万1500	135万0000	19万1500	307	129万4271	3235	1062	2173
1941	〃16	242万0000	210万0000	32万0000	385	148万0000	4772	1512	3260
1942	〃17	285万0000	240万0000	45万0000	403	139万4000	6461	1620	4841
1943	〃18	358万4000	290万0000	68万4000	524	114万0000	9172	2034	7138
1944	〃19	539万6000	410万0000	129万6000	538	89万9000	1万3708	2889	1万0819
1945	〃20	826万3000	640万0000	186万3000	459	70万8000	1万0938	2472	8466

1）軍人・軍属の総計。明治時代は編成定数を、大正以降は予算定数を、戦時にあっては動員数を示す。
2）第一線機のみ。補給機としておおむねその2/3に相当する機数が保有されていた。
3）本表のほかに1945年終戦時には約5000の特攻機が編成されていた。
＊印は推定数。
出典）厚生省引揚援護局調べ、内閣官房『内閣制度七十年史』1955年。

統治の基盤が確立するかしないかの時期から対外膨張を志向しはじめました。1873年（明治6年）の「征韓論」や近代初の海外派兵としての台湾出兵（1874年）は、明治政府の膨張志向を示すものでした。また、日本は、江華島事件（1875年）をきっかけに隣国・朝鮮（李朝）に「開国」をせまり、朝鮮半島にたいする日本の影響力の拡大をはかりました。

　明治政府は、まず朝鮮半島への進出路線をとりましたが、その背景には大国ロシアのアジア進出にそなえるという戦略（ソフト）があったのです。政府の指導者たちは、ロシアは必ずや中国東北部＝「満州」を侵略し、朝鮮半島にも進出する、そうなれば日本の独立も危ういとの危機感をもっていました。これは、今日から当時の世界情勢を客観的に見ると、明らかに過剰な危機感だったといえます。当時の日本政府の外交政策や情報分析に大きな影響を与えていたのはイギリスで、そのイギリスはロシアと世界中で激しく対立していました。イギリスが日本に提供した情報は、ロシアの〈脅威〉を強調するものでした。そして、そうした情報＝〈ロシア脅威論〉を信じた日本政府の指導者たちは、ロシアの進出にそなえて日本の「主権線」（国境線）を守るためには、ロシアが朝鮮半島に出てくる前に、先手を打って日本が朝鮮半島を「利益線」（勢力圏）として確保する、という「過剰防衛」＝積極膨張戦略をとったのです。この「主権線」を守るためには、その外側にある「利益線」を確保防衛しなければならないという戦略論（ソフト）は、山県有朋などの明治国家指導者に共通に見られるものでした。また、この〈主権線―利益線〉考え方は、その後も日本の対外膨張を

正当化するものでした。

　朝鮮半島からの清国の影響力排除（さらにはロシアとの対決）をめざして、日本は戦争の準備を進めました。日清戦争は、偶発的な戦争ではなく、日本にしてみると10年間にもわたって準備に準備を重ねた戦争だったのです。

　日清戦争（1894〜95年）の結果、日本は、朝鮮半島から清国の影響力を排除することに成功するとともに、清国から台湾・澎湖諸島を割譲させて領有することになりました[2]。日清戦争の結果、日本は異民族支配をおこなう〈植民地帝国〉化するとともに、今度は朝鮮半島と「満州」南部をめぐってロシアと激しく対立するようになり、いっそうの軍拡をおこなうようになります。

　ロシアと対決するにあたり、日本政府は、1902年、ロシアと世界的に覇権を争っていたイギリスと軍事同盟（日英同盟）を結びました。イギリスも日本と同盟して極東におけるロシアとの軍事力バランスを回復して、ロシアの進出を牽制するとともに、日本をロシアとの戦争にむかわせることよってロシアの疲弊をねらったのです。イギリスによる軍事的・経済的な支援をうけることによって、日本ははじめてロシアと対決することができました（日露戦争の戦費の約4割は、イギリスとアメリカの銀行が日本の国債を引き受けてくれたために調達できました）。日露戦争は、朝鮮半島の確保をねらう日本が、世界的な英露対立に組み込まれた結果、現実のものとなったのです。

　日露戦争（1904〜05年）では日本はたいへんな犠牲を出しましたが、ロシア国内の革命運動の高揚と、ロシアの「満

州」独占と日本の「勝ちすぎ」(「満州」の独占) も望まないイギリス・アメリカの介入の結果、日本はいわば「判定勝ち」をおさめました。日本は朝鮮半島における「優越権」を確立するとともに、南満州鉄道 (「満鉄」) をロシアから獲得して「満州」進出の足場を確保、また、南樺太も割譲させて領土的な膨張もなしとげました。日清・日露の戦争によって、日本は対ロシア戦略を基礎として大いに対外膨張をとげ、アジアの他民族を支配する立場になりました(3)。

◆大陸への軍事的膨張

欧米の列強が、第1次世界大戦 (1914～1918年) に没頭していた時期に、日本はアジア大陸へのいっそうの進出をはかり、中国 (山東半島の青島) と太平洋のドイツ植民地・利権を手中におさめました。のちに「内南洋」＝ミクロネシアの島々を国際連盟の委任統治領として事実上の領土としました。また、「対華21条の要求」(1915年) などにみられるように中国での権益を拡大しようとしました。さらに、ロシア革命の混乱に乗じて、シベリア出兵をおこない、ロシア内政に干渉するとともに、シベリアへの進出をはかったのです。

しかし、日本の植民地支配と対外膨張は、第1次世界大戦後の朝鮮・中国でのナショナリズムの高揚の前に、大きくつまづきました。さらに1920年代後半の中国における国家統一の動き〈北伐〉(司令官・蒋介石) にたいして日本の膨張主義者たちは大きな危機感を抱くことになります。明治以来、日本の政治指導層は、〈主権線—利益線〉の戦略発想によって対外膨

張をとげてきましたが、いまや日本は南部「満州」から華北を〈利益線〉として確保しようとしていました。日本の中国への進出は、中国に軍閥地方政権が割拠している政治的分裂状態を利用して進められてきました。1926年7月、中華民国国民政府による軍閥地方政権打倒のための〈北伐〉が始まり、しだいに〈北伐〉軍が北上し、山東半島やさらには「満州」に近づくと、日本の政府・軍指導層は〈北伐〉への対抗措置をとりました。つまり、1927年（昭和2年）5月に第1次、1928年4月に第2次の山東出兵を実施し、これらの軍事行動によって日本は、山東半島の権益を防衛するとともに、「満州」に〈北伐〉軍が進攻することを武力によって阻止しました。

　日露戦争以降、日本は「満蒙」とりわけ南部「満州」に他国が及ばない大きな利権を保有してきました。関東州（旅順など遼東半島の先端部）を租借し、経済支配の大動脈としての「満鉄」を保有、さらに関東州と満鉄・満鉄付属地を警備するための軍隊としての**関東軍**が配備されていました。関東州・満鉄・関東軍の駐屯、これらを「満蒙特殊権益」といいました。当時、日本は「満州」を支配する大軍閥・張作霖を介して、「満州」への権益を拡張していましたが、中国の中央政府による国家統一の動きが強まると、日本国内では、膨張主義者たちがにわかに「満蒙問題の解決」を叫びだしました。「満蒙問題の解決」とは、「満蒙」すなわち「満州」と内蒙古を武力占領して領土化し、「満蒙特殊権益」を確固たるものにしようというのです。

　このような強硬論を背景にして、現実に「満州」に駐屯する関東軍のなかで「満蒙」武力占領計画が練られていきました。

そして、この占領計画は、関東軍高級参謀・河本大作らの手により1928年6月、張作霖の爆殺という謀略によって実行に移されたのです。日本と張作霖は、次第に張が離反しつつあったものの、従来からもちつもたれつの関係でした。河本ら計画は、その張を暗殺し、犯行を国民政府の仕業にみせかけ、「満州」の治安状態を悪化させれば、東京から関東軍出動の「奉勅命令」（天皇の命令）が出るであろうから、そうなれば一挙に「満蒙」を武力占領してしまおう、というものでした。この時の、武力占領計画そのものは失敗しますが、このシナリオは、のちの満州事変においてもくり返され、ついにその実現を見ることになるのです。

◆満州事変と「満州」支配

1931年（昭和6年）9月18日、中国東北部の奉天（現在の瀋陽）近郊・柳条湖において「満鉄」の線路が爆破されました。関東軍は、この事件を中国兵のしわざであると称して、中国軍（張学良軍）にたいする軍事行動を開始し、翌1932年初頭までに「満州」全土をほぼ制圧してしまいました。この満州事変こそ、第1次世界大戦後の世界秩序を破壊する先駆けとなり、世界を戦争とファシズムへと時代を大きく傾斜させた重大な事件でした。

満州事変は、発端の鉄道爆破から関東軍の出動、治安維持・邦人保護を口実にした「満州」の制圧まで、「満蒙」を武力占領しようとした関東軍の計画的軍事行動でした。作戦参謀・石原莞爾をプランナーとする関東軍は、当初、「満蒙」の日本併

合をめざしていましたが、国際連盟のリットン調査団派遣と諸外国の批判に対応するために、関東軍は「満州」の武力占領を「自治運動」の結果であるかのように偽装し、「満州国」を建国する方針へと転換します。

　東アジアの秩序の変更をめざした満州事変により、国家改造（政党政治を倒し、軍部主導・天皇中心の政府にかえる）と大陸への膨張を求める軍部を中心とする勢力は活気づきました。英米協調の幣原外交を政策の柱としていた第2次若槻礼次郎内閣は倒れ、満州事変は、結果的にクーデターと同じ役割を果したといえます。事実、戦前の政党政治（政党内閣による政治）は、翌1932年の5・15事件によって幕を閉じることになりました。

　戦線を拡大した関東軍は、10月8日には張学良政権の政庁がおかれていた錦州を爆撃しました。これは、第1次世界大戦後初めての都市爆撃でした。航空部隊をもつ日本をふくむ列国間では、正式の条約としては批准にはいたらなかったのですが、1923年（大正12年）に「ハーグ空戦規則案」が合意されており、空襲に際しては軍事目標に限定して攻撃するという考え方が確立しつつありました。戦時国際法＝ハーグ陸戦規則（1899年・1907年）で明示された「防守せざる都市」（無防守都市＝無防備都市）への無差別攻撃禁止という思想を延長し、また第1次世界大戦の教訓から、都市にたいする無差別爆撃は禁止しようという考えが国際的に固まりつつあった時期でした。関東軍飛行隊による錦州爆撃は、明らかにこうした無差別爆撃を禁止しようという世界的な潮流への挑戦でした。

1933年2月、関東軍は、「満州」と華北を結ぶ回廊にあたる熱河省に進攻し、5月には国民政府と停戦協定を結びました（塘沽停戦協定）。これにより、「満州」と熱河省はともに「満州国」として中国から切り離され、日本は「満州国」を既成事実として中国（国民政府）側に認めさせたのです。日本の勢力圏は拡大しましたが、この後すぐに「満州国」に隣接する華北に日本の影響力を拡大しようとする華北分離工作が、関東軍と**支那駐屯軍**によって始まったのです。日本側の華北分離政策の推進と中国側の抗日意識の高まりは、その後、日中両軍の局地的衝突（盧溝橋事件）を全面戦争にまで発展させる重要な要因となりました。

◆日中戦争とその泥沼化

　日中戦争は、1937年（昭和12年）7月7日夜の盧溝橋事件から1945年8月15日の日本の敗戦まで続きました。日本政府は、この戦争を当初「北支事変」、のち「支那事変」と呼び、宣戦布告をしませんでしたが、日露戦争以来の戦時最高司令部である**大本営**を設置し（1937年11月20日）、国家総動員法を制定・発動し、つねに50万人から100万人あるいはそれ以上の大兵力を投入して全面戦争として対処しました。

　盧溝橋で戦闘が起こると、陸軍中央では拡大論と不拡大論が対立しましたが、中国の抗戦力を軽視した一撃論、排日姿勢を強めていた蒋介石政権を倒して華北を第二の「満州国」にしようとする「華北分離論」をとなえる拡大論者が優勢となり、11日には現地停戦協定が成立したにもかかわらず、政府（第

1次近衛文麿内閣)は同日、内地や関東軍・朝鮮軍から4個師団と2個旅団（合計約10万）の派遣を決定、現地軍も再度の衝突をきっかけに28日には総攻撃に出て北京・天津一帯を占領しました。

8月13日には上海で上海海軍特別**陸戦隊**が中国軍と衝突（第2次上海事変）、同日、政府は上海派遣軍（2個師団）派遣を決定するとともに海軍も15日より長崎県大村基地からの南京空襲を開始、戦火は一挙に広がりました。この頃になると、日本側は、単なる華北分離の実現ではなく、抗日的性格を強めた蔣介石政権の打倒を戦争目的とするようになりました。他方、蔣介石は共産党との第2次国共合作にふみきり、日本軍は中国側の激しい抗戦に直面して苦戦することになります。日本軍は、9月に上海派遣軍に3個師団を増派、11月にさらに第10軍（3個師団半）を投入して、包囲のすえ12月13日に首都・南京（国民政府は占領以前に首都を漢口に、のち重慶に移しました）を占領、その際、約20万人ともいわれる捕虜や非戦闘員を組織的に殺害するともに軍紀の乱れから略奪・放火・性暴力を多数ひきおこしました（南京大虐殺）。

中国における戦火の拡大は、英米など諸外国の権益を侵し、アジアにおける秩序の変更をせまるものであったため、英米ソは蔣介石政権を物的・人的に支援しました。日本軍は、重慶に対して海軍が主体となって戦略爆撃をくりかえしました（重慶爆撃）。また、重慶政権が屈服しないのは、諸外国の援助があるためであるとして、1938年後半からは援助ルート（「援蔣ルート」）遮断に力をそそぎ、1939年には海南島・南寧・汕

頭などを占領、1940年には仏印北部（現ベトナム）にまで進駐しましたが、これがさらに英米との対立を強め、のちのアジア太平洋戦争の一つの原因となりました。

◆**三国同盟とアジア太平洋戦争**

アジア太平洋戦争は、1941年（昭和16年）12月8日（対英米開戦）から1945年9月2日（日本の降伏文書調印）まで続きました（英米軍との戦闘は1945年8月15日に概ね停止されましたが、ソ連軍との戦闘は8月25日頃まで続きました）。また、この戦争は、日中戦争の最終段階であり、同時に第2次世界大戦のうち、アジア・太平洋地域での日本と米・英・蘭など連合国との戦争でした。

日中戦争の拡大により英・米の権益を侵害するにつれ、両者との対立も激しくなりました。とりわけ1940年5月以降、ドイツが**電撃戦**によって仏・蘭を屈服させ、英への圧力を強めると、この際、日本もドイツと同盟して共に世界秩序を一変させようという考え方が、日本国内で台頭しました。独ソ提携（1939年8月の独ソ不可侵条約の締結）によって一度は消滅した日独伊三国同盟論が再燃しました。1940年7月、陸軍の支持のもとに第2次近衛文麿内閣が成立すると、近衛内閣は、大東亜新秩序（「大東亜共栄圏」）の建設を政策にかかげ、9月に「援蒋ルート」の遮断を名目に北部フランス領インドシナ（現ベトナム）に軍隊を進める（北部仏印進駐）とともに、日独伊三国同盟を結びました。

三国同盟は、ヨーロッパでのドイツ・イタリアの、アジアで

の日本の新秩序建設を相互に承認するとともに、アメリカの参戦防止を目的としたものでした。近衛内閣は、さらに枢軸陣営にソ連を加入させる4国ブロックの形成をめざし、1941年4月に日ソ中立条約を結びます。

ドイツ陣営に加わっての日本の南進路線は、英米側の激しい反発を生み出しました。親独的な第2次近衛内閣が成立した段階で、アメリカ政府は態度を硬化させ、1940年7月には航空機用ガソリン、9月には屑鉄の対日輸出制限措置を発表しました。悪化した対米関係を打開するために日米交渉が行われましたが、日本は三国同盟の圧力でアメリカを抑えようとしたのに対し、アメリカはヨーロッパに介入するために三国同盟を有名無実化させることをねらっていました。また、日本が日中戦争での既得権益を最大限に維持しようとしたのに対し、アメリカは中国との提携のために日本軍の中国大陸からの撤退を要求して、交渉は進展しませんでした。

一方、ドイツはイギリスを攻めきれず、1941年6月、独ソ不可侵条約をやぶってソ連への侵攻作戦を始めました（独ソ開戦）。ドイツの矛先がソ連に向いたことにより、イギリスの敗北は回避され、ソ連を英米側に結束させることとなりました。独ソ開戦によってイギリスの敗北が回避されたことをうけて、米大統領ルーズベルトと英首相チャーチルは8月に大西洋上で会談し、「大西洋憲章」を発表して、枢軸国との戦争が反ファシズム・民主主義擁護の戦いであることを表明し、連合国側の結束を訴えました。

独ソ開戦によって、米・英・ソ連・中国という巨大な連合国

第5章 現在にいたる日本の戦争と軍事力の歴史

ブロックができたにもかかわらず、日本は、三国同盟の圧力を背景にした強硬路線を継続し、7月2日の御前会議で、日中戦争の継続、対英米戦争を覚悟した上での南進、場合によっては対ソ戦争も実施することを決定しました。そして、この決定にもとづき日本陸軍は、実際に南部フランス領インドシナに進駐し（南部仏印進駐）、対ソ戦準備のために「満州」に約70万人の大兵力を集中したのです（関東軍特種演習）。日本の南部仏印進駐に対してアメリカは8月に対日石油輸出禁止という強硬姿勢をもって臨み、中国からの日本軍の撤兵を要求しましたが、日本陸軍は容認しませんでした。

　アメリカからの石油が止まったことによって、かえって日本の軍部内では備蓄石油があるうちに開戦しようという早期開戦論が台頭します。7月に成立した第3次近衛文麿内閣は、9月6日の御前会議で、10月上旬までに和戦を決すること、同月下旬までにアメリカ・イギリス・オランダへの戦争準備を完成することを決定しました。近衛首相は、アメリカ大統領フランクリン＝ルーズベルトとの直接会談と天皇の開戦反対論に期待をかけていましたが、対日強硬路線に転じたアメリカ側（アメリカは独ソ開戦によってイギリスの当面の敗北がなくなったことにより、日本に妥協してまでヨーロッパに早期に介入しなくてもよくなった）の拒絶により会談は実現せず、天皇も次第に開戦論に傾斜したため進退きわまって総辞職せざるをえませんでした。10月に成立した東条英機内閣は、11月5日の御前会議で、11月末までに日本側の要求が実現できなければ12月初旬にアメリカ・イギリスに対して武力を発動することを決定

します。11月26日、アメリカ国務長官ハルは、アジアを満州事変以前に状態に戻すことを日本に要求する新提案(ハルノート)を通告しますが、同日、ハワイ空襲のための日本海軍の空母機動部隊も、千島列島から出航しました。12月1日の御前会議で日本政府は、対英米蘭開戦を最終的に決定しました。

1941年12月8日、日本軍は、マレー半島への上陸作戦とハワイ・フィリピンへの空襲によって戦争を始めました。開戦当初、日本軍は兵力の局地的優勢を背景に、電撃的に進撃して、半年の間に東南アジアの主要部を占領し、さらにインド洋・中部太平洋やニューギニア、ソロモン諸島へと戦線を拡大しました。日本は「東亜解放」「大東亜共栄圏」をスローガンに自給自足経済圏の建設を図りますが、いたずらに占領地での物資・労働力収奪に終始し、経済的混乱・飢餓・民衆の反発を招きます。

1942年5月のサンゴ海海戦、6月のミッドウェー海戦によって、開戦以後の進攻作戦を支えた連合艦隊の機動部隊が大きな打撃を受け、日本軍は戦争遂行の主導権を失いました。この後、8月より始まるガダルカナル攻防戦を中心とするソロモン諸島での大消耗戦によって日本軍の劣勢は決定的となります。

米軍は1943年秋まで続くソロモン・東部ニューギニアでの攻防戦に勝利し、ニューギニア北岸を北上するとともに11月以降中部太平洋でも空母機動部隊による攻勢を開始しました。また、米潜水艦による商船撃沈によって日本の軍需生産も次第に低下しました。1944年2月にはトラック島の海軍基地が空襲により壊滅、6月のマリアナ沖海戦で敗北、7月〜8月には

第5章 現在にいたる日本の戦争と軍事力の歴史

マリアナ諸島が陥落して日本の敗戦は避けがたいものになりました。軍部は決戦による形勢逆転に期待して戦争を継続しましたが、フィリピンでも膨大な犠牲を出して敗退しました。このフィリピンでの戦いから日本軍は組織的な航空機による体当たり攻撃（特攻作戦）を実施しました。

日本軍は将兵が捕虜になることを認めず、また、大本営も孤立した部隊を撤退させるタイミングをしばしば逸したために、アジア・太平洋の各地の戦場で日本軍部隊は「玉砕」＝全滅しました。さらに、補給路が伸びた上に制空権・制海権を失ったために、部隊が目的地に到着する前に米潜水艦などの攻撃で沈没したり（「海没」という）、派遣された部隊への武器・弾薬どころか食糧の補給も続かず、ニューギニア・ビルマ（インパール作戦）・フィリピンなどでは多くの日本軍将兵が餓死をしたり、病死をとげ、甚だしきは食人行為まで生み出すことになりました。続出した「玉砕」・特攻・「海没」・餓死・病死は、将兵の命を粗末にあつかった日本軍を特徴づける出来事でした。これらの悲惨な出来事は、沖縄戦、原爆を含む本土空襲とともに、戦後も永く日本人のトラウマとなっています。

米軍は1945年2月には硫黄島、3月には沖縄へと進攻するとともに、日本本土に激しい空襲をくわえました。沖縄では、守備隊（第23軍）が住民を飛行場や陣地構築に動員しただけでなく、一般住民や学生までをも戦闘や後方支援任務につかせたあげく、軍主力が5月末に一般住民避難地区の南部（摩文仁）に後退し、避難していた住民を壕から追い出すなどしたため、おびただしい数の住民が犠牲になりました。住民もサイ

パンなどと同様、捕まったら「鬼畜米英」に殺されると信じ込まされ、投降を禁じられて多数が「集団自決」をとげただけでなく、疑心暗鬼になった日本兵にスパイ扱いされて殺害された場合もあります。

　1945年5月にドイツが降伏し、沖縄戦の見通しが暗くなっても、軍部強硬派は「本土決戦」を主張して戦争を継続しましたが、**松代大本営**の建設以外、本土決戦準備もなかなか進まず、8月の原爆投下とソ連参戦によって、軍事的に完全に手詰まり状態となりました。日本政府は、ようやく14日に御前会議によって**ポツダム宣言**受諾を決定、15日に天皇の終戦の詔書がラジオ放送され、段階的に停戦が実現し、9月2日の降伏文書調印により正式に戦闘行為が停止されました（日本の大本営は8月25日をもってソ連をふくむすべての国に対する武力行使を停止するよう命令していました）。

　この戦争によるアジア太平洋地域における死亡者は、各国政府の公式発表等によれば、日本310万人以上、韓国・北朝鮮約20万人、台湾約3万人、中国1000万人余、ベトナム200万人、フィリピン111万人、インドネシア400万人、マレーシア・シンガポール約10万人、ビルマ15万人、オーストラリア1万7744人、連合軍将兵・捕虜・民間抑留者約6万数千人（うち約8000人はオーストラリアの死亡者と重複）、インド150万人（ベンガル飢饉、300万人以上との推定あり）とされています。また、戦争中の捕虜・労務者虐待や朝鮮人や中国人の強制連行、「慰安婦」、占領地における住民をゲリラとみなしての虐殺・虐待などの行為、日本軍による略奪行為・性

暴力などは、今日でも多くのアジアの人々の心の傷となって残されています。

2　戦後の軍拡 ——在日米軍と自衛隊——

◆ GHQ による〈非軍事化〉政策とその転換

　日本の占領統治にあたった GHQ は、その占領政策の基本として〈民主化〉と〈非軍事化〉政策を掲げました。そして、〈非軍事化〉政策の一環として、日本軍の武装解除、残存兵器の処分と将兵の復員が急速に進められ、1945年（昭和20年）10月には参謀本部（陸軍）と軍令部（海軍）、11月には陸軍省・海軍省・教育総監部などの軍の中央機関が廃止されました。ここに明治維新以来の日本の陸軍・海軍は解体されたのです。1946年1月には〈公職追放〉が指令され、旧職業軍人や戦争に深く関わった指導者たちが、「公職」（社会的に大きな影響を与える職種——政治家・公務員・教員・マスコミ関係など）から排除されました。これによって旧軍人が政治に影響力をおよぼすことは不可能になりました。また、日本にはアメリカ軍を中心とする連合国軍が占領軍として進駐し、その数は、1945年末のピーク時には50万人を超えました。

　GHQ は、ポツダム宣言に基づき、9月以降、東条英機元首相ら100人以上の戦争犯罪人容疑者を逮捕しました。戦争全般に対する指導的役割を果たしたA級戦犯の被告として28人が起訴され、1946年5月には、極東国際軍事裁判（東京裁判）が開始されました。裁判は、1948年11月に終了し、東条ら

7人が絞首刑となりました。東京裁判は、〈民主化〉〈非軍事化〉政策の一環として、戦争中に日本国民に秘密にされていた侵略行為を知らせ、旧軍の要人が処罰されて軍国主義の基盤を破壊する重要な役割を果たしましたが、最初から天皇を裁判の対象から除外したり、原爆を含む連合軍による無差別爆撃やアメリカが研究成果を取得した細菌戦（731部隊）などについては不問とするなど、アメリカの世界政策に左右されるものでした。一方、戦争中、捕虜や占領地の一般市民に対して国際法違反の非人道的行為をはたらいたとされる者を裁くB・C級戦犯裁判が国内やアジア各地で行われました。裁判は、アジア各地49カ所で行われ、5416人が起訴され、旧憲兵や捕虜収容所関係者を中心に937人に死刑判決が下されました。

　GHQによる〈非軍事化〉政策は徹底して行われたように見えますが、旧陸海軍の中枢部にいた一部のエリート軍人の中には、旧軍の資料整理の名目で、アメリカ軍にソ連情報などを伝えたり、マッカーサーの軍功をたたえる戦史の編纂の手伝いをするなどして、〈公職追放〉から特別に除外された人たちもいました。また、GHQのもとで、ソ連や中国から復員する兵隊が共産主義に影響されていないかを調査・追跡する任務にあたっていた旧軍人たちもいます。戦争中、陸軍の主流派（三国同盟推進・英米開戦論者）で、参謀本部作戦課長であった服部卓四郎（元・陸軍大佐）らは、GHQの保守的グループに接近し、密かに日本再軍備計画を練っていましたし、旧海軍の軍人たちも海軍再建のために計画を練っていました。GHQも必ずしも一枚岩ではなく、〈民主化〉〈非軍事化〉を進める民政局

第5章　現在にいたる日本の戦争と軍事力の歴史

を中心とするリベラル派に反発するGⅡ（参謀Ⅱ部）のウイロビー少将らは、服部たち旧軍の職業軍人たちを庇護していました。

　GHQによる〈民主化〉〈非軍事化〉は、世界的な米ソ冷戦の激化にともなって次第に減速していきました。そして、アメリカは1948年半ばから日本への占領政策の重点を〈民主化〉〈非軍事化〉から〈経済復興〉〈反共の防波堤化〉へと急速に舵を切っていきます。

　1945年8月、日本軍の武装解除のためにアメリカ軍とソ連軍が進駐した朝鮮半島では、1948年に北緯38度線をはさんで、北に金日成を首相とする朝鮮民主主義人民共和国（北朝鮮）と、南に李承晩を大統領とする大韓民国（韓国）が成立しました。冷戦の激化にともない朝鮮半島でも緊張が高まり、1950年6月、北朝鮮軍が38度線を突破して韓国に進攻し、朝鮮戦争が始まりました。国際連合安全保障理事会は、ソ連欠席のまま北朝鮮を侵略者であると認定し、アメリカ軍を中心とする国連軍が派遣されました。アメリカ・韓国側は一時は朝鮮半島南部の釜山周辺まで後退しましたが、9月の国連軍（総司令官マッカーサー）の仁川上陸などの反撃によって、今度は、韓国側が北朝鮮側に進攻し、中国国境付近まで北上しました。ソ連は、北朝鮮を物資で支援し、中国が10月に大量の人民解放軍を義勇軍として派遣したため、12月には再び戦線は38度線を越えて南下しました。その後、国連軍側の反撃で、戦線は38度線附近で膠着状態となりました。朝鮮戦争は、社会主義陣営と資本主義陣営の全面衝突の場となりました。

朝鮮戦争は日本の政治・経済にきわめて大きな影響を与えました。GHQの指令にもとづいて、在日アメリカ軍（朝鮮に出動）の空白を埋めることを理由にして、海上保安庁（すでに1948年に設置されていた）の海上警備隊が増強されるともに、**警察予備隊**（7万5000人）が設立され、事実上の再軍備が始まりました。一般に、朝鮮戦争への日本人の直接参加はなかったと言われていますが、現実には、海上保安庁海上警備隊の特別掃海隊が朝鮮海域に出動して、機雷の除去にあたっていました。また、旧職業軍人の〈公職追放〉は解除され、警察予備隊幹部には、旧軍の大佐までの職業軍人が採用されました。この時、予備隊に旧軍人を採用する際に、吉田茂首相の事実上の軍事顧問として大きな力をふるったのが辰巳栄一（元・陸軍中将）です。辰巳は、旧陸軍の中ではめずらしく三国同盟反対の非主流派で、外交官として三国同盟反対派だった吉田とは旧知の間柄でした。そのため、警察予備隊に始まる再軍備においては、どちらかというと旧軍では優秀ではあっても非主流派だった人が重用され、出世しました。主流派だった人でも辰巳の面接をうけ、服部グループ（旧・主流派）から離脱することを誓った人は採用されたといわれています（服部元大佐は採用されませんでした）。

◆**講和条約と日米安保体制の成立**

　米ソ冷戦の激化と朝鮮戦争の勃発によって、旧連合国側の足並みはそろわず、日本の講和問題は先延ばしになっていましたが、1951年になってアメリカは資本主義陣営だけで対日講和

条約を結ぶ方針を固めました。対日講和についてアメリカは厄介な問題をかかえていました。冷戦が激化しているために、日本に駐屯しているアメリカ軍は、ソ連・中国・北朝鮮への威嚇の意味でそのまま置いておきたいが、日本と講和条約を結ぶと占領軍が日本にいる〈大義名分〉はなくなってしまいます。アメリカ国内（特に議会）には駐留経費のかかる占領は早く終わらせろという声が強く、いつまでも講和をしないわけにもいかなくなりました。しかし、占領が終われば、当然、占領軍は撤退しなければならないのです。講和はしたいが、軍隊はとどめておきたい、というのがアメリカがかかえていたジレンマでした。この問題は、吉田首相が1950年5月、講和条約が結ばれても、アメリカ軍に駐留してもらいたいと日本側から申し出てもよいと、日米安保条約の原型にあたる考え方をアメリカ政府にひそかに打診したことにより、講和プラス安保という基本的な枠組みができあがりました。

　講和については、日本国内の世論も、アメリカなど西側諸国のみと講和を結ぶべきだとする〈単独講和〉論（片面講和論）と、戦時中のすべての交戦国と講和を結ぶべきだとする〈全面講和〉論が対立しましたが、第3次吉田茂内閣は、日本をアメリカ陣営に組み込む〈単独講和〉（しかも講和プラス安保）の路線を進めました。

　1951年9月にサンフランシスコ講和会議が開かれ、連合国48か国が対日講和条約（日本国との平和条約）と結びましたが、アメリカ・イギリス・ソ連の対立から中華民国（台湾）と中華人民共和国はともに講和会議に招待されず、ソ連など3カ

国は条約に調印しませんでした。また、講和条約は、日本が他国と条約を結ぶことによって外国軍隊が日本に駐留することを容認する規定を含んでいましたので、この規定にそって日本政府は、講和条約調印と同じ日にアメリカと日米安全保障条約を結びました。

1952年4月、講和条約と同時に発効した日米安全保障条約（旧安保条約）は、アメリカ軍の日本駐留と日本側の便宜の供与、日本への他国の侵略や日本国内での内乱・騒擾にもアメリカ軍が出動できることなどを定め、以後、日本はアメリカの世界戦略に強く組み込まれることとなりました。また、安保条約の締結にともない、基地（条約上は「施設」「区域」という）のアメリカ軍だけによる独占的使用、アメリカ軍人の自由出入国、駐留経費の日本側負担などの具体的な便宜供与の方法が、1952年締結の**日米行政協定**によって取り決められました。講和を境に、アメリカ政府は日本に大規模な再軍備を求めるようになり、日本政府は、警察予備隊を1952年に**保安隊**へ（海上保安庁海上警備隊を保安庁警備隊に）、1954年にアメリカと**日米相互防衛援助（MSA）協定**を結んだうえで、同年、陸上**自衛隊**へと改編して、あわせて保安庁警備隊を海上自衛隊に、そして航空自衛隊を創設し、軍事力の増強につとめることになったのです。

安保条約が発効し、警察予備隊が保安隊に改編された1952年の段階では、日本の軍事力は地上戦力11万人（定員）でしたが、この時にはまだ在日米軍が26万人（沖縄は含まず）も駐留していました（戦後日本の軍事力については前掲41頁の

第5章　現在にいたる日本の戦争と軍事力の歴史

表3を、在日米軍の兵力については、表8を参照してください）(4)。また、保安隊が自衛隊に改編された1954年には、日本の地上戦力13万人（陸上自衛隊の定員）、在日米軍15万人というレベルでした。その後、陸上自衛隊の定員は、1958年には17万人に、さらに徐々に増加し、1973年以降、しばらく1990年代まで18万人の体制を維持します。この間、在日米軍の兵力は、1960年代には3万～4万人を推移しますが、1972年の沖縄復帰によって、統計上は6万5000人へと増加し（それ以前の統計に沖縄のアメリカ軍が入っていなかっただけで、本土への駐留が増えたわけではない）、その後、1970年代以降、おおむね5万人弱（4万人台の後半）を維持し、米ソ冷戦の終結にともない、1990年代には4万人台前半になります。

表8　在日米軍の兵力の変遷

年	人　員	備　考
1952	26万0000	4月　日米安保条約
1955	15万0000	12月末現在
1960	4万6000	6月　新安保条約発効
1965	3万4700	11月現在
1970	3万7500	11月現在
1972	6万5000	5月15日　沖縄復帰
1975	5万0500	12月末現在
1980	4万5100	12月末現在
1985	4万6800	9月末現在
1990	4万7400	6月末現在
1995	4万3800	1996年2月10日現在
2000	4万0200	9月末現在
2001	5万1700	9月末現在
2002	4万1800	9月末現在
2003	4万0500	9月末現在
2004	3万6400	9月末現在

注）1972年以降は沖縄を含む。それより前は本土のみ。100未満は四捨五入している。
出典）『防衛ハンドブック　平成17年版』（朝雲新聞社、2005年）489頁より作成。

◆**新安保条約のもとでの自衛隊の戦力強化**

1952年に発効した旧安保条約は、日本の「内乱」に在日米軍が出動できるとするなど、在日米軍は多分に占領軍としての性格を維持していました。1957年2月、岸信介が内閣を組織すると、安保条約を改定して日米対等の関係をうちたて、日本の経済力と軍事力をさらに強化しようという路線を進めました。安保条約改定交渉は、1958年から始まり、1960年1月に日米相互協力及び安全保障条約（新安保条約）が調印されました。

新安保条約では、日米経済協力の促進、日本の軍事力＝「防衛力」強化、アメリカの日本防衛義務などが明記されるとともに、あらたに条文に**事前協議制**の規定が盛り込まれ、双務的な軍事同盟条約としての性格が強まりました。新安保条約には、国内では、アメリカの軍事戦略にまきこまれる恐れがあるという反対意見が強く、また、公然と「憲法改正」や治安強化をかかげる岸信介内閣の姿勢が、〈戦前回帰〉を思わせるものがあったこともあり、安保反対運動は全国的に高揚し、岸内閣は退陣に追い込まれます。

1955年以来、自由民主党の単独内閣が1993年まで続きますが、岸内閣退陣後の池田勇人内閣以来、改憲を党の基本方針とする自民党が組織した内閣であっても、改憲とりわけ憲法第9条の「改正」を持ち出すことは長らくタブーでした。それは、60年安保反対運動のインパクトが強かったというだけでなく、憲法第9条の〈戦争放棄〉〈戦力不保持〉という理念が、日米安保と自衛隊の増強という現実がありながらも、多くの国民に支持されてきたということでした。戦争体験世代の多くは、選

第5章　現在にいたる日本の戦争と軍事力の歴史

挙では自民党に投票したとしても、それでも「戦争はもうこりごりだ」と思っていましたし、戦中・戦後生まれの青年層の多くも、1954年以降に高揚した原水爆禁止運動やベトナム反戦運動などの影響もあって、憲法第9条の理念を支持していました。

　こうした根強い第9条支持の国民感情を前にして、憲法を「改正」して、自衛隊を新しい日本軍にするという動きは、自民党も政府・防衛庁も示すことはできませんでした。しかし、それにかわって、1970年代になると、国民の目にはつかないやり方でアメリカ軍との装備の同質化を推し進めることで、実質的にアメリカ軍と共同作戦ができる軍事力として自衛隊を育てていくという路線がとられたのです。

　1975年にベトナム戦争が終結し、いわゆる「デタント」（緊張緩和）時代が到来したと喧伝されましたが、実際には、前述（第3章）したように、海洋核戦力を柱とする新たな核軍拡と緊張が始まっていました[5]。とりわけ、ソ連海軍が潜水艦発射弾道ミサイル（SLBM）を搭載したデルタ級戦略原子力潜水艦（SSBN）をウラジオストックに配備し、その潜水艦がオホーツク海あるいは北太平洋に進出することは、アメリカにとって可能な限り抑制したいことでした。とりわけ、米ソ核戦争が切迫した事態となれば、ソ連海軍の戦略原潜を日本海に封じ込めてしまうことが、アメリカによって日本の軍事力（自衛隊）に期待された役割分担でした。そのため、1970年代半ばから、「ソ連海軍の脅威」を名目とした自衛隊の戦力強化が進められたのです。

自衛隊の新たな軍事的役割は、ソ連海軍とりわけ戦略原潜の太平洋（オホーツク海）進出を阻止することにありました。そのため、〈有事〉（戦時）においては、日本に隣接する３海峡（対馬・津軽・宗谷）を封鎖しつつ、ソ連海軍が突破する可能性が最も高い北海道の北部（宗谷岬）を確保することが求められたのです。1979年、ソ連海軍が、キエフ級航空母艦の２番艦「ミンスク」を極東に配備したことは、ソ連海軍の海峡突破作戦の決意を示すものと観測され、日米側の危機感を高めました。

　このような状況のもとで、自衛隊の新たな戦力展開（米軍とのハード同質化）が始まります。陸上自衛隊は、1974年に新鋭の74式戦車を採用し、北海道の第７師団（旭川）への機動打撃力の集中をはかりました。1980年には航空自衛隊が、それまでの主力戦闘機F‐4EJファントムにかわってアメリカ空軍の制空戦闘機と同じF‐15Jイーグルを主力戦闘機（要撃戦闘機）として導入し、米軍戦力との同質化に踏みだしました。また、翌1981年には、海上自衛隊が、対潜戦力の強化、米軍戦力との同質化をはかって対潜哨戒機P‐3Cオライオンの導入を始めます。

　ハード（兵器体系）の同質化だけでなく、日米軍事力の連携強化のためのシステムづくりも進みました。〈有事〉に対処するための常設的な日米「連絡調整機関」として日米防衛協力小委員会が1976年８月に発足しました。同年10月にはポスト４次防の軍事力整備の基本的指針である「防衛計画の大綱」（第１次「大綱」）が決定され、「小規模な限定侵略」に対処で

きるだけの「基盤的防衛力」の整備をめざす、との方針が打ち出されました。マスコミレベルでは、おおむね「デタント」に対応した抑制的な防衛力整備計画として報道されましたが、実際には「大綱」で示された戦力は、航空自衛隊以外は数量的にも当時の自衛隊戦力を上まるものであり、戦力の質も示されず、「大綱」はのちに新たな軍拡の根拠になりました。

　1978年11月には日米間で「日米防衛協力のための指針」（旧ガイドライン）が合意されました。この「指針」は、日米両軍がソ連を仮想敵としての〈有事〉＝戦時共同作戦の大筋をさだめたものであり、日米安保条約の実質的改定（実のともなった軍事同盟化）ともいえるものでした。「指針」の策定と前後して、〈有事〉＝戦時を具体的に想定した戦争準備作業が始まります。防衛庁による〈有事法制〉の公式研究の始まりです。研究開始の背景には、明らかに日米共同作戦体制の具体化がありました（〈有事法制〉について詳しくは第4章を参照してください）。

　海洋核戦力をめぐって熾烈な軍拡競争を展開していた米ソ両国は、1979年12月のソ連によるアフガニスタン侵攻を契機に、その対立を顕在化させ、「デタント」の時代は完全に終わりました。SLBMを搭載した戦略原潜の開発と、偵察・管制システムの要となる人工衛星の配置が新たな核軍拡競争の中心となりました。米ソ対立の顕在化にともなって、日米軍事一体化は更に進展しました。海上自衛隊は、1980年2月からリムパック＝環太平洋合同演習に参加したのをはじめ、陸上自衛隊も1980年から日米共同訓練を実施、航空自衛隊も1983年か

らアメリカ軍との共同指揮所演習を実施するようになりました。

　自衛隊によって3海峡（とりわけ宗谷海峡）が封鎖されれば、ソ連の戦略原潜とそれを護衛する攻撃型潜水艦や水上艦艇、空軍は、海峡の強行突破をはかり、場合によっては空挺部隊や地上部隊を動員して北海道北部の占領・確保を図るかもしれない、そうなれば、自衛隊は、空と海からソ連軍を攻撃するとともに、旭川に配備された陸上自衛隊の機動打撃力を北上させて宗谷岬を確保し、海峡封鎖を貫徹する、といったシナリオが描かれ、自衛隊は訓練を積み重ねました。また、日本近海に出没するソ連潜水艦を、海上自衛隊の対潜哨戒機と潜水艦が徹底的に追尾し、その音紋（スクリュー音）などのデータを米軍に提供し、型名・艦名を特定するといった〈作戦〉を展開していたのです。日本の軍事力は、アメリカの対ソ戦略に完全に組み込まれ、ソ連の海洋核戦力をブロックするという任務を果たしていたのです。

◆米ソ冷戦後、改編過程の日本の軍事力

　アメリカの対ソ核戦略に組み込まれていた自衛隊は、米ソ軍事対立の解消にともなって、日本軍事力の再編成が始まりました。1989年（平成元年）以降、米ソの全世界的な軍事対立という日米安保の大前提は崩壊し、「ソ連軍の脅威」という自衛隊の軍備拡張の〈大義名分〉は完全に動揺をきたすこととなりました。

　自衛隊にとって「救いの神」となったのは湾岸戦争（1991年）です。湾岸戦争を契機として、自衛隊には、海外展開＝

「国際貢献」という新たな任務が付与されることになりました。1991年4月から10月に行われたペルシャ湾への掃海艇派遣によって自衛隊の海外展開という既成事実は作られました。法的な整備（システム構築）は、既成事実を追認する形で1992年6月にPKO協力法が成立し、その後、カンボジア・モザンビーク・ルアンダ・ゴラン高原・東チモール・アフガニスタンなどへの自衛隊部隊の派遣が行われ、自衛隊の海外展開という新しい性格づけがなされたのです。海外展開＝「国際貢献」という新しい役割を担わされ、日本の軍事力は以後十数年にわたって改編過程にあるといってよいでしょう。ただ、冷戦時代のハードはほとんどそのままにして、その上に新しい海外展開能力を上乗せするやり方がとられました。

　湾岸戦争以後、アメリカの要請にもとづく海外展開＝「国際貢献」が自衛隊に課せられた重要任務となり、必ずしも明確なシナリオが国民的合意を得られないままに、海外展開能力の向上が図られたのです。例えば、アフガン戦争に際して派遣されたイージス艦は、本来は、空母機動部隊を護衛するための「防空・情報収集艦」ともいうべき艦です。世界でもアメリカ・日本・スペインしか保有していないこのタイプの護衛艦の、日本における1番艦「こんごう」（7250トン）は、1993年3月に竣工しています。「こんごう」とほぼ同じタイプのアメリカ海軍のアーレイバーク級イージス駆逐艦は、司令部（旗艦）機能を有し、高性能レーダーを駆使して独自に情報を収集し、空母機動部隊の中核的戦力である大型の攻撃型空母（核兵器を搭載）を「敵」の航空機やミサイル攻撃から防御する任務を果た

しています。この司令部機能をもったイージス艦を、海上自衛隊は、現在、「こんごう」「きりしま」「みょうこう」「ちょうかい」の4隻保有しており、そのうち2隻が、護衛隊群の旗艦として使用されています。「こんごう」型イージス艦は、半径数百キロにわたる海域・空域の監視ができる強力なレーダーを搭載するともに、高度な電波傍受機能、電波探知妨害機能を有しているとされ、朝鮮民主主義人民共和国（北朝鮮）が打ち上げた**ノドンミサイル・テポドンミサイル**の弾道を発射から着弾まで確認し、アメリカに情報を提供したのは、海上自衛隊のイージス艦であるといわれています。

　航空母艦（空母）を保有したいというのが、海上自衛隊の念願であるといわれています。それは、空母を保有することが、十分な海外展開能力を持つ、〈一流海軍〉の証しであるからです。海上自衛隊は、2004年9月現在、自衛艦151隻（その他に支援艦284隻）・総トン数43万8000トン（支援艦をのぞくと41万4000トン）を有しており、総トン数では、アメリカ・ロシア・中国・イギリスにつぐ世界第5位の海軍です。しかし、このなかで、中国と日本は、現在のところ本格的な空母は保有していません。しかし、上位5位以外にも、フランス・イタリア・スペイン・インド・タイ・ブラジルなどが空母を保有している以上、海上自衛隊としては、何としても空母保有の道を切り開きたいものと思われます。

　しかし、従来、海上自衛隊は、明らかに攻撃的な兵器である空母は、政府が従来、「憲法の制約上」持てないとの建前を表明してきた関係上、哨戒ヘリ・対潜ヘリなどのヘリコプター

第5章　現在にいたる日本の戦争と軍事力の歴史

を搭載した護衛艦を多数配備するというやり方をとってきました。とくに3機のヘリ搭載が可能なヘリコプター搭載護衛艦（DDH）というのは、第2章でも説明したように、日本独特の型の護衛艦です。3機のヘリが搭載できる「はるな」型DDH（「はるな」「ひえい」）は1973年から、「しらね」型（「しらね」「くらま」）は1980年から就役しています。これは、なによりも対ソ潜水艦作戦を重視していた1980年代までのシナリオの影響で、こうしたタイプの護衛艦が必要とされたためです。

しかし、独特の護衛艦を生んだ対ソ潜水艦作戦のシナリオはいまや崩壊し、アメリカの要求は変化し、ペルシャ湾方面などでの多用な海上作戦、水陸両用作戦が想定される時代となりました。そのため、遠距離展開が可能な、大型の護衛艦・輸送艦・補給艦が必要とされるようになっています。自衛隊は、アメリカ軍の補給・護衛部隊としての性格を強めていますので、むしろそのハードの方向性もはっきりしています。アメリカ軍を主役とする輸送作戦・上陸支援作戦を実行するためには、上記のような大型の、イージス艦とDDHタイプの護衛艦、輸送艦、補給艦が必要になるでしょうし、各種ヘリコプターの運用プラットホームとしての軽空母の保有が求められるのでないかと思われます。

アメリカの役割分担という点では、海上自衛隊が方向性が最もはっきりしていますが、その次にはっきりしているのは航空自衛隊で、ペルシャ湾・中東方面などへの遠距離輸送、日本列島周辺空域における要撃作戦、要撃支援作戦を分担することになること明らかです。また、さらには弾道ミサイル防衛構想

(BMD) も航空自衛隊の担当分野です。同じ防空作戦とはいっても、日本本土に高々度から侵入する航空機・ミサイルを地対空ミサイル（パトリオット）で迎え撃つのは航空自衛隊、低空から侵入するターゲットを地対空ミサイル（改良ホークなど）で撃破するのは陸上自衛隊というように従来から役割分担ができているからです。

冷戦崩壊後のシナリオ喪失によって、「敵」正規軍部隊の着・上陸作戦の可能性が想定しにくい現在、陸上自衛隊は、海上自衛隊・航空自衛隊と連動した海外展開（輸送・補給・治安維持作戦の分担）と、古典的ではあるが着・上陸部隊の阻止、米軍部隊の補給・護衛・支援作戦を担当させられることになるでしょう。

3 アジアと日本をめぐる現在の軍事情勢

◆アメリカの〈有事〉＝日本の〈有事〉という構図

第3章でもみたように、1997年の新ガイドライン以来、防衛庁・自衛隊はアメリカ軍と共同して作戦ができるように、周辺事態法・テロ対策特措法・武力攻撃事態対処法（〈有事法制〉の中核）・ACSA改定など戦争をおこなうためのシステムを着々と整えてきました。また、ハードも湾岸戦争以来、改編過程にあり、〈戦争ができる〉国家体制づくりは進展しています。こうしたシステム・ハードの構築は、〈有事〉＝戦時を想定しているわけですが、その〈有事〉とは誰が認定するのでしょうか。もちろん、形式的には、〈有事〉を認定するのは日本政府

第5章 現在にいたる日本の戦争と軍事力の歴史

＝防衛庁・自衛隊であるわけですが、第4章の〈有事法制〉の危険性のところでも論じたように、極東においても、実際に〈有事〉を認定するのはアメリカであるということです。

ですから、システムとハードの両面で、日米安保体制を前提とした日米の軍事力の一体化がここまで進むと、アメリカが〈有事〉であると認定した事態を、日本が独自に〈有事〉ではないと言うことはまず不可能になります。中東であろうと、極東であろうと、アメリカが行う戦争には、日本は否応なく動員されてしまう、そういうシステムができあがっているといってよいでしょう。ということは、日本が〈有事〉の名のもとにアメリカがおこなう戦争に参加しないためには、アメリカを戦争に走らせないか、アメリカが戦争に走っても日本がシステムどおりに動かない、という選択肢しかないということです。

アメリカを戦争に走らせないか、アメリカが戦争に走っても日本がシステムどおりに動かない、という道を選択するためには、アメリカが主張する〈脅威〉と戦争の〈大義名分〉、〈有事〉であるとの認定に対して私たちがそれを容認しないということが条件になります。もちろん、サダム・フセインの「大量破壊兵器」の〈脅威〉を除去するためという〈大義名分〉によって始められたイラク戦争において、結局、どこにも「大量破壊兵器」が見つからなかったように、アメリカにとって重要なのは、〈大義名分〉ではなく、戦争を始め、反米的な相手を破壊することですから、アメリカが主張する〈脅威〉〈大義名分〉〈有事〉を認めない国があったとしても、アメリカは戦争をおこなうでしょう。

153

しかし、そうは言っても、今日の世界において、アメリカの軍事力は圧倒的なパワーを持っていても、湾岸戦争以来の戦争が、〈多国籍軍〉方式によって進められていることも見逃してはならない事実です。つまり、アメリカは単独で戦争を行う実力を持ちながらも、中南米以外の地域に介入するときには、あえて自分が多数派のリーダーになるという陣容をととのえてから戦争を行っているのです。圧倒的な軍事力を保有しているアメリカであっても、〈自由〉と〈民主主義〉の擁護者であるという表看板を掲げている以上、多数派のリーダーであるとの形式をとらざるを得ないのです。ですから、アメリカが主張する〈脅威〉〈大義名分〉〈有事〉に異論をはさむ人々や政府があることは、アメリカにとっては、それがもっとも困ることですし、ストレートに戦争に進むことができない要因になりますので、私たちは、たとえアメリカが戦争に突き進もうとしていても、アメリカが主張する〈脅威〉〈大義名分〉〈有事〉を吟味し、それに問題があれば、諦めることなく疑問と反対の声を挙げていかなければなりません。

◆東アジアにおける戦争の原因は何か
　現在、世界中で紛争がない地域はないと言っても過言ではありませんが、アメリカなどの大国が介入して戦争に発展する危険性があるのは、やはり、中東からアフガン・中央アジアの地域と東アジアです。前者は、現に湾岸戦争・アフガン戦争・イラク戦争と中央アジアの旧ソ連圏の諸国家における紛争が起きていますし、極東では北朝鮮をめぐる緊張が続いています。前

者の地域で戦争・紛争が絶えないのは、よくイスラム教（特にその原理主義的なグループ）のあり方がその要因にあげられます。しかし、それはあくまでも要因の一つであり、より根本的にはこれらの地域が石油・天然ガスの世界最大の産地であり、これらの地下資源をめぐってアメリカや他国の利害が錯綜しているために、さまざまな国家や勢力がこれらの地域に介入し、戦争・紛争が絶えないのです。石油・天然ガスという、もっとも需要性の高いエネルギーの埋蔵地域は、そのまま国際的な紛争地になっています。

戦争の原因というのは、歴史的にみると、一見複雑にみえて、究極的には経済的な利権と政治的な覇権（領土・勢力圏の拡大）に集約されるものです。もちろん、昔の宗教戦争のようにイデオロギー対立にもとづく戦争もありますが、これも政治的な支配権をかけての戦争という側面はあるわけです。第２次世界大戦後の米ソ両陣営の〈冷戦〉も、単なるイデオロギー対立ではなく、政治的な覇権（影響力の拡大）をめぐっての戦いであり、アメリカ側からすれば、さらに資本主義経済の市場獲得をめぐる戦いでもあったのです。現在の中東・中央アジア地域は、この地下資源の争奪という経済的利害と、その経済的な利益を確実に獲得するために政治的な影響力を強めようとする思惑との両方が重なり合い、さらに宗教というイデオロギー対立が加わっているために、紛争は根深く複雑な様相を呈しています。

中東・中央アジアの対立・緊張要因に比べて、東アジアはどうでしょうか。石油・天然ガス・メタンハイドレート（海洋

底に存在している凍結メタンガス）などの地下エネルギー資源は、東アジアにも存在していますが、いまのところそれらをめぐってアメリカなどが介入して大がかりな国際紛争が起こるという段階ではありません。経済的な問題（資源の争奪など）だけで見れば、東アジアは中東・中央アジアよりも平穏な地域と言うことができます。超軍事大国であるアメリカにしてみれば、〈反米的〉ということで敵視している国はいくつかありますが、イラクと北朝鮮（朝鮮民主主義人民共和国）を比較すれば、経済的なメリットがあるだけイラクへの戦争に傾斜しやすかったと言えます。

　むしろ、東アジアにおいて戦争を誘発する最大の要因は、中国―台湾関係、韓国―北朝鮮関係の悪化・緊張にあることは明らかです。これは、経済的な利害対立ではなく、政治的な過去の対立の処理がともに50年以上も尾を引いているものであり、過去の深刻ないきがかりがあるために対立そのものが短時間でなくなるという性格のものではありません。1980年代まではアメリカと自衛隊が想定している東アジアにおける〈有事〉とは、ソ連軍による北海道侵攻＝〈北方有事〉、朝鮮戦争の再燃である〈朝鮮有事〉、中国による侵攻＝〈台湾有事〉であったわけですが、現在では、〈北方有事〉の可能性はほぼ消滅し、〈朝鮮有事〉と〈台湾有事〉が継続しているといえます。

◆ 〈朝鮮有事〉は起こるのか

　それでは、現実に〈朝鮮有事〉〈台湾有事〉は起こるのでしょうか。確かに軍事力の配置だけを見ると（前掲28頁図1）、

第5章　現在にいたる日本の戦争と軍事力の歴史

朝鮮半島のDMZ（非武装地帯）と台湾海峡を挟んで、大規模な戦力が対峙していることは確かです。とりわけ、朝鮮半島のDMZを挟んでは、双方あわせて約150万人もの地上部隊が睨みあっているとされています[6]。

　日本にとってもっとも影響が大きい〈朝鮮有事〉を考えてみましょう。現在では、かつてのように韓国側が武力北進するとか、北朝鮮側が武力南進するというシナリオは、可能性が低いでしょう。韓国側の政策の基調は北朝鮮を崩壊させることにはなく、北朝鮮側にも朝鮮半島全体を戦場にするような大規模な戦争を継続する〈もの・ひと・かね〉がありません。朝鮮戦争（1950～1953年）の際には北朝鮮に対して、ソ連が武器・弾薬・燃料など〈もの〉〈かね〉を供給し、中国が戦闘要員の養成と出撃のための基地だけでなく、義勇兵というかたちで〈ひと〉までも注ぎ込みました。そのため、アメリカはアジア太平洋戦争中に日本に対しておこなった以上の規模の爆撃をおこなって、北朝鮮側の戦力造成基盤を根こそぎ破壊することをめざしましたが、かつての日本と異なって北朝鮮は、〈もの・ひと・かね〉を外国（ソ連や中国）から供給されて抗戦力を維持したのです。これは、後のベトナム戦争におけるベトナムにもいえることで、アメリカの物量をほこる爆撃による大量破壊も、やはりソ連や中国からの支援をうけたベトナムの抗戦力をたたきつぶすことはできませんでした。これは、朝鮮戦争もベトナム戦争も、米ソ冷戦を背景とした資本主義陣営と社会主義陣営の戦い、アメリカと反アメリカ勢力との総力を挙げた戦争であったからです。

しかし、米ソ冷戦の時代は終わり、現在の北朝鮮に〈もの・ひと・かね〉を供給する国はあるでしょうか。供給したい国があったとしても、北朝鮮に陸続きであるか、陸続きでなければ、戦争中であるにもかかわらず北朝鮮に武器・弾薬を継続的に輸送できるだけの輸送力とそれを守る戦力（主として空母をともなった海軍力）を保有していなければなりません。そのように考えると、朝鮮戦争のような大規模戦争を北朝鮮が継続できる可能性はまずないといってよいでしょう。

　このことは北朝鮮自身がよく分かっています。北朝鮮は、その国力に不釣り合いの巨大な軍隊を保有しています。北朝鮮の人口は約2300万人ですが、それでいて陸軍だけで100万人の軍隊を持っているとされています。戦前に日本はかなりの軍事大国でしたが、満州事変（1931年）の頃、人口約6500万人（植民地ふくまず）で陸軍の常備兵力は23万人ほどでした。もしも当時の日本が、現在の北朝鮮と同じ比率で陸軍をもっていたとすると、300万人近い兵力を有していたことになり、アジア太平洋戦争中の1943年（昭和18年）とほぼ同じ規模ということになります。いわば北朝鮮は、陸軍力の維持という点では、アジア太平洋戦争後半期の日本の状態を数十年にわたって続けているということです。北朝鮮は、大規模な陸軍力を保有しているがためにかえってそれを維持するだけでたいへんな資源を必要とし、戦争になっても全陸軍力をフルに稼働させるようなことは、〈もの・ひと・かね〉を外部から供給する国がない現在、それは不可能なことです。北朝鮮は、戦力の多さを生かせないこと、戦争継続能力がないことを知っているために、

核兵器や弾道ミサイルの開発といったことを、いちいち自ら宣伝しながら進めているのです（一般に兵器の開発は途中では公表せず、配備できる段階で明らかにするのが普通です）。

◆北朝鮮のミサイルの〈脅威〉とは

　北朝鮮が大規模な戦争を継続することができないとしても、その弱点を埋める意味で構築されつつある核兵器と弾道ミサイルは〈脅威〉だといわれています。北朝鮮は、2005年になって「核兵器の保有」を宣言しました。また、北朝鮮は、1980年代に旧ソ連製のスカッドB・スカッドCミサイルを配備し、1990年代には射程距離1300kmといわれる中距離弾道ミサイルであるノドンを開発、さらにその後、射程距離をさらに伸ばしたテポドン1型・テポドン2型の開発を進めていると言われています。ノドンミサイルでも、日本のほぼ全域を射程距離におさめていますので、朝鮮半島や日本、在日米軍を攻撃するには十分のように見えます。日本のマスコミでは、北朝鮮がミサイルの発射実験や燃焼実験、液体燃料の注入などを行うたびに日本の向けられた〈脅威〉であるとして報道されますが、ミサイルは北朝鮮にとって外貨を稼ぐことができる数少ない輸出品でもあるということを忘れてはいけません。ミサイルの存在の誇示は、北朝鮮の商品アピールでもあるのです。もちろん、北朝鮮（金正日政権）は武力による威嚇を常套手段として使いますので、スカッドやノドンが韓国・日本をターゲットにしていることは大いにあり得ることです。

　しかし、スカッドにしても、そのスカッドの技術を基礎にし

ているとされるノドンにしてみても、アメリカ軍の巡航ミサイルのような命中精度を持つものとは考えられませんので、特定の軍事施設や原発などをピンポイント攻撃できるものではありません。確かに都市をターゲットにした無差別攻撃には使えますから、脅しには十分ですが、実質的な軍事的効果をあげるには、数十発から百発という単位で撃ち込まなければならないでしょう。弾道ミサイルは、第２次世界大戦中の1944年にドイツが使ったＶ２号が最初のもので、首都ロンドンを攻撃されたイギリスもかなりの打撃をうけたのですが、それは千発単位で撃ち込まれたからです。大戦後、弾道ミサイルが実戦において大量に使われたことはなく、見かけの派手さにくらべて、そうとう大量に使わない限りは戦力としてのは効果が薄いものです。ですから、弾道ミサイルはそれが通常弾頭である限り、威嚇以上のものにはなりえないのです。

　しかし、たとえ命中精度が低い弾道ミサイルであっても、核弾頭を搭載しているということならば話はかわってきます。

◆北朝鮮の核兵器の〈脅威〉とは

　たとえば、ノドンやテポドンに核弾頭が搭載されているとなると、どうなるのでしょうか。北朝鮮は武力による威嚇と〈情報戦〉を常套手段としていますから、さかんに「核兵器を保有している」と公表したり、探知されることを見越した上でミサイル実験をやったりしていますが、日本のマスコミで報道される際に、完全に核兵器と弾道ミサイルはストレートに結びつけられてしまっています。少なくとも、テレビなどの報道を見

第5章　現在にいたる日本の戦争と軍事力の歴史

た多くの人の頭の中では、「北朝鮮は核弾道を搭載した弾道ミサイルを配備している」とされているのではないでしょうか。「核兵器を保有している」ということと、核ミサイルを保有しているということは同じではありません。日本人のマスコミは、北朝鮮とアメリカが展開する〈情報戦〉に完全に翻弄されています。

　「核兵器」ではあっても、重すぎて実戦に使えるほどのものでない場合もありますし、爆撃機に搭載できる核爆弾なのか、ミサイルの核弾頭なのか、兵器化の度合いは全く不明です。北朝鮮は、威嚇の〈情報戦〉を展開することがよくありますから、もしミサイルの核弾頭の開発に成功しているならば、それは大宣伝するものと思われます。しかし、それを漠然と「核兵器」としているということは、そこまで技術が洗練されていないことを暗示しています。ミサイルに搭載するためには、弾頭の小型化が必要で、そのためにはプルトニウム爆弾で、しかも爆発実験を行うことが不可欠の条件とされています。

　北朝鮮の〈脅威〉を宣伝したいアメリカと、あいまいな「核兵器」とミサイルによって威嚇を実現したい北朝鮮は、自分に都合がいいように情報を切り取ってさかんに〈情報戦〉を展開していますので、両者が重なり合って、北朝鮮の〈脅威〉は実態よりも大きくイメージされています。アメリカから流されるにせよ、北朝鮮から発信されたものであるにせよ、私たちはその〈脅威〉を過大視しないようにしなければなりませんし、過剰な危機感をいだいて軍拡と軍事的威嚇に走り、さらに北朝鮮を高度な核武装に走らせないようにしなければなりません。

（1） この章の戦前日本の軍拡過程については、山田朗『軍備拡張の近代史——日本軍の膨張と崩壊——』（吉川弘文館、1997年）を、対外膨張戦略と戦争については、同『大元帥・昭和天皇』（新日本出版社、1994年）と同編『外交資料・近代日本の膨張と侵略』（新日本出版社、1997年）を、戦争被害などのデータについては小田部雄次・林博史・山田朗編『キーワード・日本の戦争犯罪』（雄山閣、1995年）を参考にして執筆していますので、詳しくはこれらを参照してください。

（2） 台湾・朝鮮における植民地支配の始まりについては、海野福寿〈集英社版日本の歴史⑱〉『日清・日露戦争』（集英社、1992年）を参照してください。

（3） 朝鮮（韓国）の植民地化については、海野福寿『韓国併合』（岩波新書、1995年）がコンパクトにまとめられています。

（4） 戦後の日本の軍事力のデータについては、基本的に『防衛ハンドブック　平成17年度版』（朝雲新聞社、2005年）所収のものに依拠しています。

（5） 戦後の米ソの核軍拡競争については、山田朗「現代における〈軍事力編成〉と戦争形態の変化」渡辺治・後藤道夫編『講座・現代と戦争』第1巻〈「新しい戦争」の時代と日本〉（大月書店、2003年）を参照してください。

（6） 現在の極東情勢に関するデータは、基本的に『平成17年版　防衛白書』（防衛庁、2005年）所収のものに依拠しています。

第6章 現代軍事の基礎知識：Q＆A

 これまで、現代日本の軍事に関するハード・システム・ソフトについて、近代から現在までの戦争と軍拡の歴史について、そして、現代アジアの軍事情勢について述べてきました。ここでは、これまでに論じきれなかった問題を中心に、現代の戦争と軍事問題を考える上に必要なことについてQ＆A方式で説明したいと思います。

Q1　自衛隊は〈戦力〉ではないのか？

 A　日本国憲法第9条第2項には「陸海空軍その他の戦力は、これを保持しない」とあります。政府は、憲法でいうところの〈戦力〉とは「自衛のため必要な最小限度を超えるもの」と定義していますが、現在の自衛隊は、アメリカ軍との軍事一体化が進み、しかも湾岸戦争以来、急速に海外展開能力を高めていますので、すでに〈専守防衛〉のための「自衛のため必要な最小限度」は越えてしまっていると見てよいと思います。

Q2　本当に軍事力は必要か？

 A　軍事力を全くゼロにするというのは、人類の理想です

が、それを現代において一挙に実現することは難しいことです。国境というものが存在する以上、それを警備する（不法な越境者、国境を越えようとする犯罪者の取り締まり）程度の軍事力はどうしても必要になってくるでしょう。ただし、これは現在、日本においては自衛隊ではなく、ほとんど海上保安庁が担っていることです。海上保安庁は、概念的には〈軍隊〉ではなく〈警察〉にあたるものですが、隊員の正当防衛以上の武力行使を行えるという点で広義の軍事力であるといえます。その点で、領空・領海・領土を警備するために限定した軽武装組織は、どうしても必要になってくるでしょう。しかし、軍事力は少ないに越したことはなく、それをいかに必要最少限度に極小化できるかという抜本的な検討が必要です。

Q3 そうは言っても〈脅威〉はないのか？

A 軍事力（ハード）は存在しているだけでは〈脅威〉にはなりません。もし、軍事力が存在するだけで〈脅威〉であるのならば、日本の最大の〈脅威〉はアメリカであるということになりますが、そのような存在する軍事力が〈脅威〉になるのは、その国と敵対的な関係となったときに初めて〈脅威〉となるのです。つまり、政治的に大きな敵対的要因を抱え込み、相手を〈敵〉であると認定したときにその国は〈脅威〉となるわけで、日本が近隣のアメリカ・韓国・台湾を〈脅威〉とみなしていないのは、これらの諸国と非敵対的な関係を意識的に構築しているからです。ロシア（旧ソ連）は、1980年代までは日

第6章　現代軍事の基礎知識：Q&A

本にとって最大の〈脅威〉とみなされていましたが、米ソ冷戦の終結とともに、日本とロシアとの関係も改善され、今やロシアはほとんど〈脅威〉とはみなされていません。中国は、逆に1970年代以降、関係の改善が進むに従って〈脅威〉ではなくなっていたわけですが、最近になって日中関係の政治レベルでの冷え込みによって、中国が〈脅威〉であると主張する人が増えてきました。北朝鮮については、冷戦時代から国交のない唯一の近隣国家として政治的に不正常な関係を続けてきており、そのような政治的な関係が反映して〈脅威〉として扱われることが多いわけです。つまり、〈脅威〉であるから政治的に敵対するのではなく、政治・外交上の敵対関係（不正常な関係）が相手を〈脅威〉にしてしまうのです。したがって、私たちは、〈脅威〉があるから軍事的に備えるというスタンスに立つのではなく、いかに〈脅威〉を作らないか、という観点で外交努力をしていく必要があるのです。

Q4　それでも北朝鮮が攻撃してくる恐れはないのか？

A　第5章で述べたように、北朝鮮は、実際には大規模な侵攻作戦を行えるだけの〈もの・ひと・かね〉の裏付けを持っていませんし、通常弾頭の弾道ミサイルだけでは韓国・米軍・日本を屈服させる力にはなりません。唯一、核弾頭を搭載した弾道ミサイルの開発・配備がなされると日本にとってもきわめて厄介な存在となります。しかし、北朝鮮が核ミサイルを使用するということは、それはアメリカによる北朝鮮核攻撃に道を

ひらくことになることは確実です。しかし、実際に核戦争に突入するにしても、戦略原潜をもたない北朝鮮にとっては北朝鮮からアメリカの主要部分をミサイル攻撃することができないのに対して、アメリカはICBM・SLBM・巡航ミサイル・戦略爆撃機などで北朝鮮全域を攻撃できるので、北朝鮮は自らの全滅を覚悟しなければ戦争に踏み切れませんし、踏み切ったとしてもアメリカに打撃を与えられない可能性もあります。

これは、アメリカの核の傘に頼るべきだということではありません。北朝鮮を暴発させてしまうことは、韓国・日本と北朝鮮自身を破滅に追い込み、結局はアメリカだけを生き残らせるような結果を招くだけなのです。したがって、日本は韓国と協力して、北朝鮮を戦争へ走らせない方策をとっていくことが大切です。

Q5 北朝鮮の言いなりになるのが得策なのか？

A 北朝鮮を戦争に走らせないということは、別に何でも北朝鮮の言うことを聞くとか、北朝鮮の言いなりになるということではありません。北朝鮮は拉致事件や不審船事件を起こしているので、多くの日本人は「何をするか分からない国」というイメージを抱いていますので、もっと力で対決すべきだと主張する人もいます。確かに、北朝鮮は一筋縄ではいかない国ですが、経済封鎖をして、力で押さえつければ軟化するかといえば、戦前の日本が自らの武力南進政策に対してアメリカなどが経済封鎖で対抗した際に「自存自衛」を口実にしてさらに戦争

に近づいたことを考えると、いたずらに力で追い込むことは、むしろ北朝鮮の中の強硬論に火をつけることにもなりかねません。むしろ、北朝鮮の強硬論に口実を与えないようにしながら、日本を攻撃することが北朝鮮のデメリットになるというような関係を北朝鮮との間に構築することで、北朝鮮を〈脅威〉でなくしていかなければなりません。そもそも、北朝鮮は日本に対してきわめて強硬な姿勢をしばしばとりますが、たとえ核ミサイルをもっていたとしても、非韓国系の在日コリアンは、北朝鮮にとっても経済的・文化的に貴重な存在であり、そういった人たちが多数居住する都市部を無差別に核攻撃するということは、自らの首を絞める行為です。

Q6 憲法が「改正」されて自衛隊を軍隊にするとどうなるのか？

A 日本国憲法が「改正」されて自衛隊が「日本軍」になっても、実質的には、現在の自衛隊と同様に〈志願兵制〉であるので、特に変わるところはないと主張する人がいますが、それは違うと思います。もし、憲法が「改正」されて、〈軍〉が公認されてしまえば、次第に〈軍〉の論理が社会・学校・企業に全面的に浸透してくることは間違いありません。つまり、〈軍〉に入隊することや、〈軍〉に短期間であっても体験入隊することが学校（大学など）で単位化されたり、企業に採用されるための条件になったりすることが起こるでしょうし、いずれそういったことが「任意」から、正規入隊や体験入隊したことがな

い人を「異端者」として排除する方向へと変わることもありうることです。

Q7　自衛隊が軍隊になるとやはり徴兵制がしかれるのか?

A　現在、先進諸国では徴兵制をしいていない国も多いので、自衛隊が軍隊になっても必ず徴兵制がしかれるということにはならないと思いますが、それでも兵員の中核的部分は、志願の職業軍人でまかない、予備役の軍人を確保するための短期兵役や兵役に代わる公的ボランティアといった選択肢を設けたシステムなどが導入されることも考えられます。

Q8　なぜ、日本が軍縮しなければならないのか?

A　現在、アジアはアメリカ・日本・中国・ロシア・韓国・台湾・インドが世界でも有数の膨大な軍事費を投入する軍拡モードになっていますし、北朝鮮も核兵器・弾道ミサイルの開発と実戦配備に向けて多大なエネルギーを投じる危険な状態にあります。軍拡が連鎖反応的に進展することは歴史が示すところで、現在でもアメリカ・日本の軍拡が中国・北朝鮮・ロシアの軍拡を生み、中国の軍拡がインド・台湾・タイなどの軍拡を生み、北朝鮮の軍拡が韓国を、インドの軍拡がパキスタンを、タイの軍拡がマレーシアを、マレーシアの軍拡がインドネシアを、というように多角的な連鎖反応を生み出しています。アジ

アにおける〈軍拡の連鎖〉を断ち切る努力として、アジアで最も軍事費を投入している日本が先鞭をつけて軍縮を実現すべきです。それと同時に憲法第9条の理念を実現するべくアジア諸国への軍縮実現の呼びかけをおこなわなければ、なかなか事態は好転しないでしょう。その意味で、アジアで最高の軍事費を投入している日本が軍縮に転ずることの意味は大きいのです。

Q9　日本の軍事力をこれからどうすればよいのか？

A　私たちが行わなければならないのは、まず、世界における日本の軍事力の位置をリアルに把握し、米ソ冷戦時に枠組みが作られ、湾岸戦争以来、別の能力が上乗せされている日本の軍事力の解体（当面は縮小）を求める声をあげることです。現在の日本の軍事力の骨格は、1970年代の「三海峡封鎖」論にもとづく対ソ連潜水艦戦、北海道（宗谷岬）への着上陸部隊への対処というシナリオが土台となって構築されており、その土台が基本的に修正されないままに、湾岸戦争以降、長距離遠征戦力が上乗せされています。冷戦の終結によって、日本の軍事力のかなりの部分は、現在ではほとんど意味をなさないいびつな軍事力と化しています。現在の自衛隊だけでなく、沿岸警備を担当している海上保安庁なども広義の軍事力と言えますので、軍事力を皆無にするということは、現実には難しいことですが、憲法と日本の外交・対外関係理念にあわせて現行の軍事力を再編・縮小することは決して不可能なことではありません。

Q 10 日米安保条約はなくならないのか？

A 私は、米ソ冷戦の産物である日米安保条約（軍事同盟）を維持している必然性はなくなったと見ています。もはやアメリカとの間の２国間安全保障＝軍事同盟にこだわる必要はなく、そうなると当然、対米従属と２国間同盟の産物である米軍基地は撤収すべきです。米軍基地は、安保条約を唯一の根拠としているのですから、安保条約の廃棄によって、米軍基地をなくすことは可能です。

しかし、日米安保条約がなくなり、米軍基地もなくなれば、アジア諸国は日本の軍事大国化を憂慮することはまちがいなく、そのためには、国連を媒介にしたアジア諸国（アメリカを含んでもよいが）との多角的な安全保障体制（不可侵保障）の枠組みを構築しながら、これまでに巨大化してしまった日本の軍事力を段階的に縮小していくことが必要です。かつて社会党が掲げた「非武装中立」という考えは、理念としては理想的なものですが、日本一国でそれを実現するのは現時点では難しく、国連を舞台として、アジアレベルでの軍縮を実現していかなければなりません。その際にも、日本は軍縮の先鞭をつける役割をはたすべきです。

もちろん、現実問題として、安保条約の廃棄（米軍基地の撤収）はアメリカがすぐには応じないでしょうが、要は、自国の外交と安全保障は自分たちで決めるという政治の在り方をつくる（有権者としてそういった意志表示をする）ということにか

かっているのだと思います。もちろん、ここで重要なのは、安保と在日米軍基地をなくしても、日本が独自に軍事大国化しないということであり、そのためには、私たちが軍事という厄介なものを十分に政治的にコントロールするだけの知識と力量を身につけていくことが求められているのです。

Q11 アメリカの核の傘が戦争を抑止しているのでは？

A 核保有国は、自らの核兵器は防御的なものであり、戦争を抑止するためにあるのだと主張します。そもそも、兵器の攻撃的か、防御的かの線引きはむずかしいのですが、核兵器は少なくとも、自国に〈敵〉が侵攻してきた際に、一般市民への影響と放射能被害のことを考えれば自国内で使用することはできませんから、結局、自国の外側に撃ち込むという使い方しかできません。ですから、いくら「防御的」とはいっても、およそ〈専守防衛〉的には使えない、本質的に攻撃的な兵器です。そういった攻撃的兵器によってお互いに威嚇しあって、「恐怖の均衡」によって戦争を抑止するというのが〈抑止理論〉です。〈抑止理論〉においては、核兵器は存在することによって相手の攻撃を抑止することに価値がある、ということになるのですが、この核による抑止という考え方は、もしも、この「恐怖の均衡」が破れて、どちらかが核兵器を使用してしまえば、当然のことながら、報復のための核攻撃がおこなわれ、一方の国が、あるいは双方の国が壊滅するまでの核戦争に一挙にエスカレー

トする危険性と常に背中合わせになっているのです。核による抑止というのは、一国あるいは一陣営（あるいは人類）の全滅を賭して戦争を抑止するというものであり、それを継続していくには非常に大きなリスクがともないます。

過去の世界において〈抑止理論〉が一定の役割を果たしてきたことは事実ですが、それがこの先未来においても安全を確保し得るものなのか保障の限りではありません。したがって、私たちがなすべきは、〈抑止理論〉にもとづく核兵器の拡散と増大を許さず、アメリカとロシアを中心とする核兵器保有国に段階的に核兵器の削減を行うことを要求し、最終的には核を廃絶することを目指すということだと思います。

Q 12 〈戦争の克服〉と〈軍縮〉は可能か？

A 残念ながら人類は懲りずに戦争をくり返してきました。それでは、〈戦争の克服〉は絶対に不可能なことなのでしょうか。「戦争と軍事はすべて人為的なものである以上、それを作り出した人間自身が必ずや克服できる」と断言できるほど人類の歴史を楽観的に見ることはできません。

しかしながら、だからといって私たちは、〈戦争の克服〉の追求を止めてしまってよいのでしょうか。〈戦争の克服〉の模索がなくなれば、軍事力は有力な歯止めを失い、〈自己増殖〉をつづけることは必至であり、それは新たな戦争をひきおこす要因にもなるのです。軍事力は放置しておけばいやでも旧式化してしまうので、常に、より強力なものをより多く保有しよう

とする〈自己増殖〉の力学がはたらきます。したがって、意識的に軍事力を抑制しようというベクトルがはたらかない限り、軍事力は決して削減されません。意識的に軍事力を抑制しようというベクトルの核になるのが、人類自身による〈戦争の克服〉の追求です。したがって、現状において〈戦争の克服〉の特効薬が提示できないにせよ、〈戦争の克服〉の模索そのものが、戦争や軍事力の〈自己増殖〉を抑制する強い力になることは確かです。

戦争と軍事を知るための用語集

　ここでは、これまでに本文中にでてきた戦争と軍事に関する用語のうち、とくに重要なもの、本文では論じきれなかったものを中心に、説明していきます。用語は、大きく戦前と戦後を分けた上で、50音順の配列としています。なお、用語の説明文中の太字の単語は、この用語集中に別に説明があるものです。

戦前（アジア太平洋戦争以前）の用語

　アジア太平洋戦争　あじあたいへいようせんそう　1941年（昭和16年）12月8日～1945年9月2日。第2次世界大戦のうち、アジア・太平洋地域での日本と米・英・中・蘭・ソ連など連合国との戦争をさす。開戦後、日本政府は中国との戦争を含めて「大東亜戦争」と名付けると発表、戦後は一般に「太平洋戦争」と呼ばれてきた。満州事変・日中戦争につづく「十五年戦争」の第3段階をさす。そもそも「アジア太平洋戦争」という歴史学界で用いられている呼称は、1983年に中西功氏が「第2次世界大戦—アジア・太平洋戦線」という言い方をしたのをうけて、1985年に副島昭一氏が「アジア太平洋戦争」という呼称を提唱、同年、木坂順一郎氏も「アジア・太平洋戦

争」という呼称を提起したのが始まりである。その際、中西・副島・木坂の三氏はいずれも従来の「太平洋戦争」では中国・東南アジアをふくむ戦争であることが正しく表現されないとして、これらの用語を使用することを提起したのである。歴史学界では、最初から（現在まで）「アジア太平洋戦争」「アジア・太平洋戦争」（中黒があってもなくても）は、従来の「太平洋戦争」、すなわち、「十五年戦争」の第3段階（満州事変・日中戦争の次の段階）を指すものとして使われている。しかし、1990年代半ば以降、マスコミ関係者の間で、「アジア太平洋戦争＝十五年戦争」という意味合いでこの用語を使う人が増え、一般向けの書籍にはこういった使い方が目立つようになった。本書では、歴史学界での現在の慣例にしたがって、1931年の満州事変から1945年の日本の敗戦までを総括的に示すときには「十五年戦争」と呼び、「アジア太平洋戦争」という呼称を使うときは、これが従来の「太平洋戦争」（1941〜1945年）にあたるもの（あるいは「十五年戦争」の第3段階である）として使用している。

宇垣軍縮　うがきぐんしゅく　→　**陸軍軍縮**　を見よ

関東軍　かんとうぐん　満州（中国東北部）に駐屯した日本陸軍の部隊名。日露戦争で獲得した南満州鉄道と遼東半島租借地（関東州）の守備隊を前身とし、1919年（大正8年）関東都督府が関東庁に改組された際、関東軍（司令官は陸軍中・大将）として独立した。当時の司令部は旅順、独立守備隊6個と内地から2年交代で派遣される駐箚1個**師団**などから編成された。司令部の参謀たちが中心になって張作霖爆殺事件

(1928年)や満州事変（1931年）を引き起こした。司令官は関東庁長官と「満州国」建国後は「満州国駐在大使」を兼ねた。満州事変後、反満抗日ゲリラ討伐を主たる任務としていたが、1937年（昭和12年）より本格的な対ソ戦準備を始め、東部・北部国境へ兵力を増強・集中し、東寧・虎頭などの要塞を建設した（1936年—3個師団、1937年—6個師団、1940年—12個師団）。1939年対ソ強硬路線からノモンハン事件をひきおこすも完敗、1941年独ソ戦勃発にともない関特演（関東軍特種演習）と称して兵力を30万人から80万人余に大増強し、対ソ開戦の機をねらった。戦況悪化により1943年後半から南方に兵力を抽出され、1945年5月以降、朝鮮国境地帯への後退を始めたが、ソ連の参戦により壊滅、約60万人の将兵がシベリアに抑留された。

義兵　ぎへい　言葉の意味は「正義のために起こす兵」であるが、歴史用語としては朝鮮において反日武装闘争をおこなった義勇兵を指す。　→　**義兵闘争**　を見よ

義兵闘争　ぎへいとうそう　朝鮮における義勇兵による反日武装闘争のこと。反日義兵闘争は、朝鮮半島への日本の進出、支配強化にたいして、日清戦争の最中から農民主体の闘争が始まった。これは東学を主体とする甲午農民戦争と結びつき、人馬と食糧をほしいままに徴発する日本軍への怒りが爆発したもので、朝鮮を戦場とした日本軍の補給路・通信線をゲリラ戦によって脅かした。朝鮮に派遣された日本軍の警備部隊は、義兵とそれを支援する農民を、村落を焼き払うなどして押さえ込もうとした。日露戦争中にも朝鮮半島南部を中心に反日義兵闘争

がひろまった。第三次日韓協約によって韓国軍隊が強制的に解散させられると、旧韓国軍の将兵たちの多くが武器・弾薬を兵営から持ち出して蜂起し、農民義兵に合流した。旧韓国軍将兵の合流によって反日義兵闘争は組織的な戦闘力を高め、韓国全土をおおった。日本側の資料によれば、1907年から韓国併合の1910年にいたる4年間に、日本軍と義兵との交戦回数は2819回、のべ14万人の義兵が参加したとされている。日本側は、韓国駐箚軍憲兵隊長・明石元二郎（1910年からは朝鮮駐箚憲兵隊司令官）らを中心に、陸軍部隊・憲兵隊・警察隊を総動員して「膺懲的討伐」と称する義兵への武力弾圧作戦を実行した。義兵の蜂起に手を焼いた日本軍警は、村々を焼きはらい、ゲリラ闘争を続ける義兵を大量に処刑し、あわせて日本軍に非協力的な民衆もみせしめに殺傷した。義兵闘争のピークであった1908年には、日本軍と義兵の交戦回数は1451回、交戦した義兵の数は6万9832人、死亡した義兵1万1562人、捕虜となった義兵も1417人、日本側の死傷者も245人におよんだとされている。義兵闘争は、日本軍警の猛烈な武力弾圧のために1909年以降は次第に中国東北地方やロシア領沿海州に根拠地をうつした。とりわけ、朝鮮国境に隣接した中国吉林省南東部＝間島地方は、抗日闘争の拠点となったため、日本は1909年、「間島に関する日清協約」（間島協約）を結んで、間島地方の琿春に統監府派出所を設置し、陸軍部隊と武装警察官を常駐させて、中国国内においても抗日義兵の武力弾圧をおこなった。間島地方はその後も長く抗日武装闘争の拠点となり、日本側もしばしば組織的な武力弾圧作戦を実施した。

戦争と軍事を知るための用語集

義勇兵役法 ぎゆうへいえきほう　本土決戦のために全国民を兵員化するための法律。1945年（昭和20）6月23日公布。同年3月に閣議決定された国民義勇隊の構想をさらに徹底化したもので、軍隊に未召集の15〜60歳の男性、17〜40歳の女性の全員とこれ以外の志願者を召集（義勇召集）して国民義勇戦闘隊に編入することとした。国民義勇戦闘隊は、作戦軍の後方任務・運輸・通信・生産などを担うものとされ、本土決戦に際しては直接戦闘にも加わるものとされ、一部の地域で部隊の編成が始まったが、実際には女性兵士は生まれなかった。

軍政（植民地・占領地の）ぐんせい　軍による東南アジア占領地にたいする行政。1941年（昭和16年）11月20日大本営政府連絡会議の決定「南方占領地行政実施要領」にもとづき、治安回復、重要資源の急速獲得、占領軍の自活を目的として実施された。陸海軍司令官が発した軍律にもとづき、軍事力を背景に文官である司政長官・司政官が実際の行政事務にあたったが、「大東亜共栄圏」の宣伝とは裏腹に、抗日運動の武力弾圧、労働力・食糧・天然資源の収奪に終始することになった。

軍法会議 ぐんぽうかいぎ　軍人・軍属を裁判するための特別刑事裁判所。日本では1882年（明治15年）設置、1945年（昭和20年）廃止。現在、日本国憲法では、特別裁判所の設置を認めておらず、軍法会議は設置できない。

航空主兵論 こうくうしゅへいろん　航空戦力が軍の主兵（主役）となるべきだという戦略論。1920年代にイタリアのドゥーエやアメリカのミッチェルによって主張された理論で、日本海軍においても、1930年代半ばから航空本部や航空部隊

に航空主兵論者があらわれた。**山本五十六**や大西滝次郎らに代表される海軍の航空主兵論者は、海軍が航空部隊を艦隊決戦の補助部隊と位置づけていたのに対し、空母部隊や基地航空隊だけの力でアメリカ艦隊を壊滅できると信じ、それを可能にする航空機の開発と搭乗員の訓練にあたった。山本の航空主兵論は、1936年に制式化された「中攻」(96式陸上攻撃機やその後継機である1式陸上攻撃機)として実現されたが、大艦巨砲主義が強かった日本海軍の中で航空主兵論者は主流派になれなかった。その結果、**アジア太平洋戦争**中には、航空関係の指揮官の数が足らず、全く畑違いの軍人が航空部隊を指揮することが多く、航空戦力はその力を十分に発揮することなく、急速に消耗してしまった。

国防保安法 こくぼうほあんほう 1941年(昭和16年)に制定されたスパイ防止法。国家機密の漏洩、外国に通報する目的で外交・財政・経済その他の情報を集めること、治安を害するデマを流すこと、国民経済の運行を妨げること等の行為を処罰した。最高刑は死刑。刑事手続についても特例を定め、国民の言論・出版などの自由に重大な制限を加えた。1945年10月廃止。

児玉源太郎 こだまげんたろう 1852～1906年(嘉永5～明治39年) 明治の軍人、陸軍大将。周防国徳山藩出身、戊辰戦争参加後、兵学寮を経て陸軍将校となり、佐賀の乱・西南戦争に従軍した。1885年(明治18年)、参謀本部第一局長、さらに陸軍大学校長も兼任し、ドイツ式兵学の導入にあたった。日露戦争では満州軍総参謀長として作戦を指揮した。のち台湾

総督。第4次伊藤博文内閣の陸相をつとめた。

　三八式歩兵銃　さんぱちしきほへいじゅう　戦前日本の陸海軍の代表的小銃。有坂成章が開発した三〇年式小銃を、東京工廠小銃製造所長であった南部麒次郎らが改良して作った。日露戦争後の1905年（明治38年）に制式小銃として陸軍に採用された。以後、シベリア出兵からアジア太平洋戦争にいたるまで長く使用された。口径6.5㎜、全長128㎝、重量3.95㎏、三八式小銃実包5発を装弾、最大射程4000m、初速762m/秒。日本人の体格と日本の弾薬補給能力を考えて、口径が小さく、実包の火薬量も少なめに作られた。そのため、欧米の小銃に比べて反動が小さく、結果的に命中率を高めることになった。また、同時期の欧米小銃よりも全長はやや長く、銃剣を装着して白兵戦をおこなうことを重視した日本陸軍の戦術思想がよくあらわれている。第2次世界大戦期になると、すでに欧米では引き金の操作だけで連発が可能な自動小銃（米M1ライフルなど）が普及していた。したがって、一発射撃するたびに手動レバーで撃ち殻薬莢を排出し、弾薬を装填しなければならない三八式歩兵銃では、欧米自動小銃に対抗できなかった。なお、海軍の陸戦隊でも終戦時までこの小銃を使用した。

　支那駐屯軍　しなちゅうとんぐん　1900年（明治33年）の義和団事件後の日清交換公文にもとづき華北に駐屯していた日本陸軍の部隊名。天津軍とも呼ばれた。1936年（昭和11年）4月、1800人から歩兵1個**旅団**を基幹とする5800人へと増強された（軍司令官・田代皖一郎中将）。北平（北京）・山海関・天津に分散して駐屯した。日中戦争が始まると内地から3個

師団が増強され、1937年8月に北支那方面軍（軍司令官・寺内寿一大将）へと改組された。

主力艦　しゅりょくかん　海軍力の中心となる最高水準の攻撃力と防御力を有する軍艦。1892年に完成したイギリス海軍のロイヤル・ソヴリン級戦艦以降は、戦艦（battleship）のことを主力艦（capital ship）と称するようになった（それ以前は、大型甲鉄艦や旋回砲塔を搭載した大型艦を総称して主力艦といった）。また、日露戦争後、装甲巡洋艦が大型化し、1909年に完成したインヴィンシブル級巡洋戦艦（battlecruiser）が登場してからは、戦艦と巡洋戦艦をあわせて主力艦と言われるようになった。しかし巡洋戦艦は、第1次世界大戦において防御力に根本的な弱点があることを露呈したため、大戦後、ほとんど建造されなくなった。1930年代には、防御力を強化するために改造し重量が増え、従来の戦艦よりも若干、速力が速い程度になった元の巡洋戦艦を、元来の戦艦から区別する場合には「高速戦艦」というようになった。日本でも、元の巡洋戦艦の金剛・比叡・榛名・霧島をあえて区分する必要があるときには「高速戦艦」と呼称した。

戦没者　せんぼつしゃ　戦死者・戦傷死者（戦闘での負傷がもとで死亡した人）および戦病死者（戦場で病気になり死亡した人。餓死も含む）の総称。

大艦巨砲主義　たいかんきょほうしゅぎ　戦艦による艦隊決戦に際しては、敵側になるべく大きな打撃を与え、撃沈してしまうには、なるべく大きな大砲（巨砲）をなるべく数多く装備していた方が有利だ、という考え方のこと。なるべく大きな大

砲をなるべく数多く1隻の軍艦に積むことになれば、当然、軍艦のサイズも大きくなり、防御力も強化するためには、軍艦の鋼板をなるべく厚くしなければならない。そのため、軍艦は巨砲の搭載にあわせて巨大化し、**基準排水量**（軍艦の重量）も増大する。1907年（明治40年）の「帝国国防方針」においてアメリカを仮想敵国に定めた日本海軍は、艦艇の数量の劣勢を個々の**主力艦**の戦力強化で補おうと極端な巨砲主義に走る。金剛級巡洋戦艦（一番艦竣工1913年）に14インチ（36センチ）砲を、長門級戦艦（同1920年）に16インチ（41センチ）砲を、そして、大和級戦艦（同1941年）に18インチ（46センチ）砲を搭載したのは、いずれも世界に先がけてのことであった。

　大本営　だいほんえい　旧陸海軍の戦時における最高司令部。日清・日露戦争の際に「戦時大本営条例」に基づき設置されたが、日中戦争は宣戦布告をしなかったので、新たに「大本営令」を制定して1937年11月20日に設置された。決定機関である大本営会議には天皇、参謀本部と軍令部の総長・次長・作戦部長、陸海軍大臣等により構成され、文官の参加はみとめらなかった。大本営は、大本営会議と大本営陸軍部（参謀本部）と同海軍部（軍令部）などから構成され、天皇の命令＝大本営命令（大陸命・大海令）を発令する最高司令部であり、「大本営発表」をおこなう戦争に関する宣伝・情報操作の中心機関であった。大本営の設置にともない、国務（政府）と統帥の統合調整をはかるために大本営政府連絡会議（小磯内閣の時に最高戦争指導会議と改称）が設置されたが（法的根拠はな

かった)、一元的指導は実現しなかった。大本営は敗戦にともない1945年9月13日に閉鎖廃止された。

大本営政府連絡会議 だいほんえいせいふれんらくかいぎ →
大本営 を見よ

朝鮮（韓国） ちょうせん（かんこく）　李朝朝鮮は、1392年李成桂が高麗に代って建て、対外的には朝鮮国と称した。1897年に国号を大韓帝国と改め、1910年（明治43年）日本に併合された。一般に、1897年までを「朝鮮」あるいは「李朝」、以後を「韓国」、併合後を「朝鮮」と呼称される。

朝鮮軍 ちょうせんぐん　朝鮮に駐屯した日本陸軍の部隊名。1904年（明治37年）3月に編成された韓国駐箚軍を前身とし、1910年8月の韓国併合にともない朝鮮駐箚軍、1918年（大正7年）朝鮮軍（司令官は陸軍中・大将）と改称された。当初は2個師団、1907年からは1個師団が日本より交互に派遣されていたが、1916年に第19師団（羅南）、1919年に第20師団（龍山）、計2個師団が設置され、別に国境守備隊、憲兵隊が置かれ、対ソ戦準備、国境地帯の抗日ゲリラ攻撃、独立運動取締にあたった。1938年（昭和13年）張鼓峰事件には第19師団が出動した。**アジア太平洋戦争**の戦況悪化にともない1943年8月朝鮮人を対象とした徴兵制が公布され、翌年より実施された。1945年2月本土決戦準備の一環として第17方面軍・朝鮮軍管区と改称改編され、9個師団・2個混成旅団など23万人の兵力を擁したが、敗戦にともない武装解除され、1946年3月に復員を完了した。

徴兵制 ちょうへいせい　国家が国民に兵役義務を課し、一定

期間兵役に服させること。徴兵検査によって成年男子を主として体位によって分類し、その上位者から一定数を現役兵として入営させて軍事訓練を施し、戦時の基幹兵力とし、服役期間がすぎると予備役兵として社会にもどして戦時の予備兵力として確保しておく制度。日本では、1873年（明治6年）徴兵令が発布されて徴兵制が導入されたが、徴兵忌避の防止と常備兵力増加の必要性から次第に免役規定が狭められ、1889年の徴兵令改正により必任義務＝国民皆兵としての徴兵制が確立した（1883年より一年志願兵制を併設）。当時、現役兵の在営期間は、陸軍3年・海軍4年であったが、第一次世界大戦の教訓から戦時動員兵力の増大（既教育兵の増大）をねらって、1927年（昭和2年）兵役法によって陸軍2年・海軍3年と在営期間が短縮された。兵役法において兵役の対象となるのは、日本内地と樺太に本籍がある満17歳から40歳までの男性で、満20歳で徴兵検査を受け、主として体位により甲・乙・丙（国民兵役）・丁（不合格）・戊種（翌年再検査）に分類され、上位の者から抽選で現役兵として原則として本籍地の部隊に入隊した。現役が終わると予備役・後備役・第一国民兵役へと編入されていく。戦時には兵員を確保するために、予備役以後の在郷軍人を召集した。現役徴集率（徴兵検査を受けた者のうち現役兵として入営したもの割合）は、1933年には20％であったが、1940年には50％を越え、**アジア太平洋戦争**中、1943年12月には徴兵検査の年齢を19歳に、また検査基準を引き下げて大量徴集をはかり、1944年には現役徴集率77％・114万人におよんだ。

鎮台 ちんだい　創設期日本陸軍の部隊単位。1871年（明治4年）、政府は中央政府軍として御親兵を設置するともの、旧藩兵を再編して地方の治安維持に任ずるための常備兵として東京・大阪・鎮西（熊本）・東北（仙台）の4鎮台を設けた（のち名古屋と広島を加えて6鎮台となる）。鎮台は、海岸砲台などを含む組織であり、主に地方の治安維持にあたる軍事力としての性格が強かった。1873年、徴兵制が施行され、同年4月より徴兵が各鎮台に入営した。1880年代になり、ロシアの南下に先手を打って朝鮮半島に進出することが国家の方針として固まってくると、大陸での機動戦に備えて1888年に鎮台制が廃止され、かわって6個**師団**（第1～6師団）が編成された。

電撃戦 でんげきせん　ドイツ語の"Blitzkrieg"の訳語。電撃戦とは、**機動戦**の一種で、言葉そのものを意味は、「稲妻のように急激に敵を攻撃すること」である。第2次世界大戦において、ドイツ軍が編み出した戦術で、空軍と陸軍が一体となって、敵の第一線（防衛線）を短時間に突破し、快速を武器に、相手側の後方部隊まで一挙に撃破することで、相手側の防衛態勢全体を崩壊させるものである。具体的には、戦闘機が制空権をとり、急降下爆撃機が第一線陣地を爆撃して突破口をつくり、そこに装甲部隊（戦車と自動車化歩兵・砲兵）が進入し、相手に立ち直る機会をあたえず、急速に背後にまわりこみ、防御側を包囲・殲滅する戦術である。この戦術の強みは、スピードと空軍と地上軍の連携（地上軍の中の戦車・歩兵・砲兵の連携）にある。ドイツ軍は、1939年の対ポーランド戦、1940年の対フランス戦で電撃戦を成功させ、世界の陸戦理論（陣地戦を重

視）を一変させた。

特攻作戦　とっこうさくせん　特攻部隊による作戦。特攻は特別攻撃隊の略称。1944年（昭和19年）10月のレイテ沖海戦に際し、日本海軍は第一航空艦隊司令長官・大西滝治郎の主張を容れ、米空母の活動を封じるために航空機による体当たり攻撃を実施した。この攻撃を「神風特別攻撃隊」と称したため、以後、「特攻」「カミカゼ」は体当たり攻撃の代名詞となった。特攻は、航空機搭乗員の技量低下と「若者に死に場所をあたえる」という精神主義が生み出したものであったが、緒戦においては熟練搭乗員を使ったために比較的戦果があがり、そのため以後恒常的な戦法として採用され、陸軍も海軍にならって体当たり攻撃を始めた。特攻はあくまでも「志願」によるものとされたが、次第に命令による部隊ぐるみの特攻が常態となり、敗戦まで陸海軍あわせて約2500機が特攻に投入された。また、航空機だけでなく、戦艦大和を中心とする「水上特攻隊」、人間魚雷「回天」や特攻艇「震洋」など特攻専用の兵器も開発され、実戦に投入された。

日本軍の兵器の名称（軍艦）　旧海軍の軍艦の名前の付け方には一定のルール（慣習）があった（日露戦争以降）。例を示せば以下の通り。戦艦：国の名前（例：大和・武蔵・長門・陸奥など）。巡洋戦艦と一等巡洋艦（重巡洋艦）：山の名前（金剛・比叡・霧島・榛名・足柄・妙高など）。二等巡洋艦（軽巡洋艦）：川の名前（最上・阿武隈・利根・大淀など）。航空母艦：空を飛ぶものの名前（例：飛龍・蒼龍・瑞鶴・翔鶴・大鳳など）。一等駆逐艦：気象天候を表す名前（例：雪風・峯風・

秋月・白雪・磯波など）。二等駆逐艦：植物の名前（のちには一等駆逐艦にもつけられた／例：松・竹・梅・桃など）。しかし、例外もある。例えば、ミッドウェー海戦に参加した航空母艦は、赤城・加賀・飛龍・蒼龍の4隻だが、赤城は山の名前、加賀は国の名前である。これは、赤城が、もともとは巡洋戦艦として起工され、進水したことを、加賀が戦艦として起工され、進水したことを示すものである。軍艦の命名は、艦体が完成して水に浮かべることができる段階、すなわち進水式の際に行われるのが普通で、赤城と加賀は、進水した後で、航空母艦に改造されたので、本来の山や国の名前がそのまま残ってしまったのである。第2次世界大戦時において、世界最大の空母であった信濃も、もともと大和型戦艦の3番艦として起工・進水（命名）された後で、空母に改造されたので、国の名前が残った。

日本軍の兵器の名称（軍艦以外） 日本軍の兵器の名称は、明治以来、軍艦を除いて、その兵器が正式に兵器に採用された「年」を名称につけていた。たとえば、昭和期にも日本陸軍で使われた「三八式歩兵銃」は、明治38年（1905年）に完成して、採用されたものである。こうした元号を名称に使うやり方は、明治・大正期を通じて行われた。ところが、昭和初期における国家主義の高まりを背景に、兵器の名称も元号ではなく「皇紀」を使う、ということになり、1928年（昭和3年）＝皇紀2588年からは、陸軍も海軍も「皇紀」の下二桁を兵器の名称につけるようになった。たとえば、日中戦争期の海軍の主力戦闘機は96式艦上戦闘機（「艦上」とは「航空母艦上でも使える」という意味）は、皇紀2596年＝1936年に、陸軍

の97式戦闘機は、皇紀2597年＝1937年に採用されたものである。有名な海軍の零式艦上戦闘機（いわゆる「ゼロ戦」）は、皇紀2600年＝1940年に採用されたため「零式」というが、陸軍はこの年に採用された兵器を「百式」と名付けた（たとえば、百式重爆撃機、百式司令部偵察機など）。また、陸軍はこの頃（1940年頃）から、航空兵器に「〇〇式」という正式名とは別に、通称をつけるようになる。たとえば、一式戦闘機＝「隼(はやぶさ)」、二式戦闘機＝「鍾馗(しょうき)」、三式戦闘機＝「飛燕(ひえん)」、四式戦闘機＝「疾風(はやて)」などである。他方、海軍は1940年以降もこうした通称をつけず、一式陸上攻撃機（「陸上」とは「陸上基地」から発進するという意味）、二式飛行艇といった名前の付け方を続けていた。ところが、海軍は、1943年以降、航空兵器に「〇〇式」という名称をつけることをやめ、陸軍がつけていた通称のような名称を、正式名称としてつけるようになった。たとえば、1943年に採用された艦上爆撃機（海軍の「爆撃機」とは急降下爆撃機をさす）は、三式艦上爆撃機とはせずに「彗星」とし、その他にも、局地戦闘機である「雷電」や「紫電」「紫電改」、艦上攻撃機（海軍の「攻撃機」とは水平爆撃と魚雷攻撃が行えるものをさす）の「天山」、陸上爆撃機の「銀河」といった名称の軍用機が生まれた。

パリ不戦条約 ぱりふせんじょうやく　正式の名称は「戦争放棄に関する条約」。ケロッグ＝ブリアン条約ともいう。1928年にパリで調印され、初めは15か国、のちに93か国が参加した。この条約は、もともとは仏外相ブリアンが提唱した「仏米不戦条約案」に対して、米国国務長官ケロッグが、これを一

般条約として各国に参加するように呼びかけたものである。国際紛争の解決はすべて平和的手段によるものとし、自衛戦争以外の一切の武力使用禁止を定めている。日本もこの条約に調印・批准し、正式に参加した。不戦条約は期限の定めがなく、今日でも効力を有している。パリ不戦条約によって示された「戦争放棄」の考え方は、その後、国際連合憲章や日本国憲法第9条へと引き継がれた。

ポツダム宣言 ぽつだむせんげん　1945年（昭和20年）7月26日に発表された日本に無条件降伏を要求した連合国の共同宣言。7月17日、ドイツのベルリン郊外ポツダムにトルーマン、チャーチル（途中からアトリーに交代）、スターリンが集まり、ヨーロッパの戦後処理、日本への降伏勧告を討議、宣言が作成された。同宣言は蔣介石の同意を得た上で、米・英・中の三国共同宣言の形で発表され、8月8日、対日参戦とともにソ連も加わった。宣言は13項目からなり、日本軍の武装解除、軍国主義の排除、戦争犯罪人の処罰、一定期間の日本の占領などを明記していた。鈴木貫太郎内閣は、宣言黙殺・戦争完遂を声明したが、原爆投下・ソ連参戦によって受諾に傾斜、宣言が天皇制に言及していないことから、天皇制を維持できるか否かで政府部内・軍部内で対立を生じたが、8月9日深夜の御前会議で受諾を決定、受諾反対派をおさえるために天皇制の扱いについて一度連合軍に照会したうえで、14日、最終的に宣言受諾を連合国側に通告した。ポツダム宣言は、連合軍の日本占領の基本的な指導原則となった。

松代大本営 まつしろだいほんえい　本土決戦にそなえて**大本**

営・政府諸機関を移転するために長野県松代地区に建設された地下トンネル・施設の戦後における通称。1944年（昭和19年）7月、東条英機内閣は本土での戦闘に備えて政府・大本営全体を松代・須坂地区に移転させることを内定、9月より用地買収・資材の集積が、11月11日より「松代倉庫工事」（マ工事）との秘匿名称で工事が始まった。松代が選定されたのは、海岸から最も離れた攻撃されにくい位置にあり、岩盤が非常に強固であったためである。工事は東部軍の指揮のもとに、鹿島組・西松組などが中心となり、強制連行した朝鮮人労働者7000人以上を投入して昼夜をとわない突貫作業で進められ、敗戦までに総延長13 km余の地下壕（計画の約80％）が完成、天皇御座所などの施設もほぼ出来上がった。人力に頼る連日の過酷・危険な作業によって多くの犠牲者がでた。

模範兵制 もはんへいせい 模範とするべき軍事のソフトとシステムのこと。1870年（明治3）に、日本政府は、陸軍はフランスを、海軍はイギリスを「模範兵制」（模範とする軍隊のあり方）と定めた。しかし、1870年から1871年にかけてヨーロッパで起こった普仏戦争（プロイセン、のちのドイツとフランスとの戦争）でドイツが勝利をおさめると、陸軍はフランス式だけでなく、ドイツ式も参考にすることにし、その後、日本の国家戦略が朝鮮半島への進出・膨張という方向に固まると、陸軍の「模範兵制」は1886年に、その戦略にマッチした機動戦を得意とするドイツ式へと変更された。

山県有朋 やまがたありとも 1838～1922年（天保9～大正11年） 陸軍大将・元帥、公爵、長州（山口県）出身の明

治・大正時代の政治家・軍人。吉田松陰の松下村塾に学び、長州藩が設置した、武士以外の人々も採用した〈奇兵隊〉の軍監を務めた。明治維新後、徴兵令を制定するなど、日本陸軍を強化するのに力をふるった。のち内相・首相などを歴任し、日清戦争の際には第1軍司令官、日露戦争の際には参謀総長を務めた。枢密院議長なども務め、天皇の最高顧問である〈元老〉として軍・官界に〈山県閥〉を作り、政界・陸軍に絶大なる権力をふるった。

山梨軍縮 やまなしぐんしゅく → **陸軍軍縮** を見よ

山本五十六 やまもといそろく 1884〜1943年（明治17〜昭和18年） 海軍大将、日米開戦時の連合艦隊司令長官、新潟県長岡市生まれ。1904年（明治37年）、海軍兵学校を卒業、1916（大正5年）、海軍大学校卒業。アメリカ駐在武官、航空本部技術部長、第一航空戦隊司令官などをへて1935年（昭和10年）年に航空本部長となり、日本海軍随一の**航空主兵論者**（海軍は航空機を中心的な武器にすべきだとする主張）として「中攻」（双発の96式陸上攻撃機）などの航空機の開発、航空戦力の拡充に尽力した。1936年、海軍次官となり米内光政海相を補佐し、陸軍の三国同盟締結路線に強く反対したことで知られている。1939年連合艦隊司令長官となり、対米開戦には批判的であったが、航空主兵論と短期決戦論にもとづいて1941年1月より真珠湾攻撃計画を立案、軍令部や部下を説得して作戦を実行に移した。ハワイ奇襲作戦とマレー沖海戦では航空機を使った作戦で成功をおさめたが、早期決戦を意図して行ったミッドウェー作戦で失敗、1943年4月、ラバウル方

面の前線の視察中にブーゲンビル島上空で搭乗機が米軍機に撃墜され戦死した。死後元帥となり国葬がおこなわれた。山本は、航空戦力を海軍の中心に据えようとしたが、従来の水上艦艇部隊との連携による総合戦略を編み出すことはできなかった。

陸軍軍縮　りくぐんぐんしゅく　政府の財政状況や軍事上の必要性の変化による部隊・人員の整理は、明治期より時々あったが、大きなものではなかった。ワシントン条約の成立と1920年（大正9年）以降の戦後恐慌の影響による軍縮世論の高まりを背景として、1922～1923年、加藤友三郎内閣の山梨半造陸相は2次にわたり、将兵6万2500人、馬1万3000頭など4個師団に相当する兵力を整理、経費4034万円を削減したが、その一方で砲兵部隊の新設や兵器の更新などを行なった（山梨軍縮）。1925年、第2次加藤高明内閣の宇垣一成陸相は常設4個師団を廃止し、将兵3万3900人、馬6000頭を整理、経費2059万円を削減したが、その一方で軍の近代化を進め、航空部隊・戦車部隊・高射砲部隊の新設、歩兵部隊の装備近代化などを行なった。また、現役将校を配属将校として学校教練を始めた（宇垣軍縮）。宇垣軍縮は、軍備整理を機に軍の近代化・合理化を進めたものだが、人員整理と部隊の廃止はその後長く陸軍内に反宇垣・反軍縮の感情的なしこりを残した。

陸戦隊　りくせんたい　陸上における戦闘または警備にあたる海軍部隊のこと。1875年（明治8年）以降、各軍艦で編成され、1886年に制度化された。陸戦隊は、平時は海軍兵として艦隊勤務につき、必要に応じて一時的に編成された。また、海軍大臣・艦隊長官・鎮守府長官が指定した地域に長期にわた

り駐屯するために編成された陸戦隊を特別陸戦隊という。また、この特別陸戦隊にも、1932年（昭和7年）、第1次上海事変の際に、所在地の警備にあたる目的で、各鎮守府から派遣した兵員で編成された「海軍特別陸戦隊」と、1937年の特設艦船部隊令によって、鎮守府で編成され、必要に応じて艦隊に配属される「特設鎮守府陸戦隊」の2種類があった。前者は、上海海軍特別陸戦隊のように所在地の地名を冠し、後者は、呉鎮守府第三特別陸戦隊というように編成した鎮守府と番号を冠した。太平洋戦争中に、南方の島々の上陸作戦・警備にあたったのは、後者である。陸戦隊の兵器は、三八式歩兵銃や九二式重機関銃など陸軍から購入したものが主であったが、九二式装輪式装甲車のように陸戦隊用に開発されたものもあった。

臨時軍事費　りんじぐんじひ　戦前期の日本において主として国債（戦時国債）を財源とした軍事費のこと。軍の経常費とは別に建てられ、主に戦費にあてられたが、軍拡費用に充当された場合もある。

零式艦上戦闘機　れいしきかんじょうせんとうき　1940年代を代表する日本海軍の戦闘機。戦争中は「零戦」、戦後は、アメリカ軍が「ゼロ」「ゼロファイター」などと呼んだことから日本でも一般に「ゼロ戦」と呼ばれるようになった。1937年に**三菱重工業**（主任設計者：堀越二郎）において試作が始まり、1940年に完成するとさっそく日中戦争に投入された。初期のタイプである21型の場合、最高時速530km/h、航続距離2200km、20mm機関砲と7.7mm機関銃各2門装備していた。零戦は、航続力と運動性にきわめて優れ、日本の軍用機の中で

最も多く生産されたが、低馬力・軽装甲のため1943年以降は連合軍の戦闘機に対抗できなくなり、最後は特攻作戦（体当たり攻撃）にさかんに使われた。

ロンドン海軍軍縮条約　ろんどんかいぐんぐんしゅくじょうやく　補助艦に関する海軍軍備制限に関する国際会議。補助艦（巡洋艦・駆逐艦・潜水艦）の制限を目的として、1930年（昭和5年）1月から4月までロンドンで開催。英・米・日・伊・仏の5か国が参加。会議は難航したが、日本の補助艦総トン数は対米69.75%、大型巡洋艦は対米60%、潜水艦は均等5万2700トン保有という妥協案が成立した。条約の有効期限は1936年末。日本国内では軍令部の強硬派が東郷平八郎元帥をかつぎだして条約の批准阻止を図り、政友会も統帥権干犯であると政府を攻撃したが、10月浜口内閣は批准にこぎつけた。この統帥権干犯問題を契機に、軍部・右翼の急進ファッショ運動が活気づき、翌年の浜口首相狙撃事件が起こった。1935年（昭和10年）12月、第2回ロンドン軍縮会議が開催されたが、事前の予備交渉の段階から各国の対立は激しく、日本は1936年1月、脱退通告をおこない、1937年より無条約時代となった。

ワシントン海軍軍縮条約　わしんとんかいぐんぐんしゅくじょうやく　主力艦と航空母艦に関する海軍軍備制限に関する条約。第1次世界大戦後、国際的に軍縮を求める世論が強まり、また建艦競争が国家財政に与える影響が深刻化していたことから、海軍軍備の制限による列強勢力の現状維持が図られた。アメリカの提案により、主力艦（戦艦・巡洋戦艦）と航空母艦の制限

を目的として、1922年（大正11年）に、英・米・日・伊・仏の5か国が参加してワシントン調印された。主力艦・航空母艦の保有総トン数の比率を、英：米：日：仏：伊＝5：5：3：1.67：1.67とするとともに、主力艦・航空母艦の個艦のトン数・兵装の制限、主力艦の10年間建造停止などについて協定が結ばれた。条約成立にともない、各国は旧式・既成の主力艦を廃棄したが、日本海軍も既成の前弩級・弩級戦艦10隻、建造中の超弩級戦艦6隻を廃棄した（うち2隻は航空母艦に改装）。1930年（昭和5年）の**ロンドン海軍軍縮会議**において1936年まで主力艦建造停止の期限が延長されたが、1936年末にロンドン海軍軍縮条約とともに失効した。

戦後および戦前・戦後を通じての用語

IRBM　あいあーるびーえむ【戦後】→　**中距離弾道ミサイル**を見よ

ICBM　あいしーびーえむ【戦後】→　**大陸間弾道ミサイル**を見よ

イージス（Aegis）艦　いーじすかん【戦後】「イージス装置」と呼ばれる防空システム（一連のシステムとして連動している遠距離レーダー・近距離レーダーと対空ミサイル・対空機関砲）を搭載している軍艦。「イージス」とは、ギリシャ神話で、ゼウス神が身につける胸甲のこと。現在、アメリカ海軍、日本の海上自衛隊、スペイン海軍が保有している。海上自衛隊は、このタイプの護衛艦を現在4隻（建造順に「こんごう」

「きりしま」「みょうこう」「ちょうかい」)保有している。「こんごう」は、1993年に完成し、排水量7250トン、速力30ノット。防衛庁では、現在の「こんごう」型イージス艦を改良した「改こんごう」型イージス艦(**基準排水量**7700トン)の建造を進めている。イージス艦の遠距離レーダーは、監視半径が1000キロ以上にもおよぶとされ(正確な性能は公表されていない)、現存する水上艦艇では最も遠距離の目標を捉えることができるものである。これは、遠距離から飛来する航空機やミサイルをなるべく早く発見し、その正体を解析するためのもので、その相手が航空機ならばイージス艦は最寄りの空母に連絡して迎撃機を発進させたり、ミサイルならばみずから対空ミサイルを発射する。もし、航空機やミサイルがすぐ近くまで接近してきたならば、対空ミサイルか対空機関砲で撃ち落とす。そもそもイージス艦は、1980年代後半にアメリカ海軍が開発した軍艦で、日本のイージス艦もアメリカのアーレイ・バーク型イージス駆逐艦がモデルになっている。アメリカ海軍は、このイージス艦を空母機動部隊に数隻ずつ配置して、情報を収集するともに、空母や艦隊全体を、空からの攻撃から守るという任務を課している。

F - 15J 要撃戦闘機　えふじゅうごじぇーようげきせんとうき【戦後】　1974年からアメリカ空軍が使用している**要撃戦闘機**で、1980年から航空自衛隊が導入を始め、2004年(平成16年)までに203機が配備されている。乗員1名(2名のF-15DJもある)、最高速度マッハ2.5、航続距離約4600km。敵の戦闘機・爆撃機を要撃し、**制空権**を確保するための戦闘機

で、20㎜機関砲、空対空レーダーミサイル4発、空対空赤外線ミサイル4発を搭載している。1997年度からレーダーやコンピュータシステムの更新、統合電子戦システムの導入などの近代化改修が進められている。アメリカでは機体をマクダネル・ダグラス社（現ボーイング社）、エンジンをプラット・アンド・ホイットニー社が生産していたが、日本では機体を**三菱重工業**が、エンジンを石川島播磨重工がそれぞれライセンス生産している。

F‐2支援戦闘機 えふつーしえんせんとうき【戦後】航空自衛隊の支援戦闘機。アメリカ空軍のF‐16戦闘機をベースにして日米共同で1988年から開発が始められ、2000年度から量産に移り、**三菱重工業**とロッキード・マーチン社（米）、川崎重工・富士重工などが共同で製作している。2004年（平成16年）までに49機が配備されている。乗員1名（2名のF‐2Bもある）、最高速度マッハ2.0、1機あたりの調達費は当初約95億円であったが、2005年度調達分では約127億円にまで高騰したとされている。20㎜機関砲、空対艦ミサイル、空対空レーダーミサイル、空対空赤外線ミサイルの搭載が可能である。

LST えるえすてぃー　【戦前・戦後】　Landing ships, tankの略。一般に「戦車揚陸艦」と訳されるが、海上自衛隊では、単に「輸送艦」と呼称している。

海上保安庁 かいじょうほあんちょう【戦後】 1948年（昭和23年）、運輸省海運総局・水路部・灯台局を合して設置された組織。海上における人命・財産の保護救助、法律違反の予防・

捜査・鎮圧、航路保全などを任務とする国土交通省（旧運輸省）の外局。全国の沿海を11の海上保安管区に分け、管区海上保安本部を置く。付属機関に海上保安大学校および海上保安学校をもつ。

艦艇 かんてい 【戦前・戦後】 軍艦の総称。駆逐艦以上の規模の軍艦は「艦」（戦艦・巡洋艦・航空母艦・駆逐艦・潜水艦など）、それ以下の小型軍艦は「艇」（魚雷艇・潜水艇など）と称する。一般に「艦」は軍用の船をさし、「船」は民間の商船をさすので、「艦船」という総称は、軍艦と商船をあわせてさす際に使用する。

基準排水量 きじゅんはいすいりょう 【戦前・戦後】 軍艦の大きさを表す単位のひとつ（単位：トン）。軍艦ではない、商船・旅客船などは積載トンや総トンなどの別の単位を使う。排水量は、水上に浮ぶ艦体が排除した水の総重量、すなわち艦体自身の重量そのもののこと。排水量には2種類、①基準排水量、②常備排水量（満載排水量ともいう）がある。①基準排水量は、燃料と予備ボイラー水を除き、戦時航海に必要な乗員（定員）・兵器・弾薬・食糧・消耗品全部を搭載した状態の重量（単位：英トン）、②常備排水量は、戦時航海に必要な燃料と予備ボイラー水を含み、乗員（定員）・兵器・弾薬・食糧・消耗品全部を搭載した状態の重量一切を搭載した満載状態の重量をいう。つまり、同じ排水量でも、実際の重量は、基準排水量＜常備排水量ということなる。海上自衛隊が基準排水量だけを公表しているのは、ワシントン会議以来の日本海軍の伝統であるとともに、この単位だけを使っているかぎり、燃料搭載量は対

外的には分からず、艦の航続距離を隠すことができるという事情もあるといわれている。

機動戦 きどうせん【戦前・戦後】 攻撃だけでなく、防御にあたっても部隊を機動させて相手に打撃を与えることによって目的を達成する戦闘方法。運動戦ともいう。**陣地戦**に対する言葉。

機動打撃力 きどうだげきりょく【戦後】 機動戦の中心となる火力部隊あるいは兵器のこと。一般に、地上戦における戦車・装甲車・攻撃用ヘリコプターなどを指すことが多い。

軍事費 ぐんじひ【戦前・戦後】 軍事上の目的のために支出される経費の総称。一般的（世界的）には軍事費・戦費・戦後処理費などからなる。この場合、軍事費とは、狭義には直接的な陸海空軍費（おもに兵器調達費と人件費）であるが、広義には軍人恩給、軍事公債の元利支払、軍事道路などの建設費、軍事科学研究費、軍事産業への補助金、植民地経営費、対外援助費なども含まれる。日本の現行予算では、「軍事費」とはいわず防衛庁の所管予算を「防衛関係費」と呼んでいて、旧軍人恩給などは含まれていない。

警察予備隊 けいさつよびたい【戦後】 戦後、最初に編成された軍事的組織。朝鮮戦争開始直後の1950年（昭和25年）7月、マッカーサーの指示により設置された。首相に直属し、国内の治安維持のため警察力を補うものとされていたが、装備・訓練は米軍に依存、公職追放の解除によって旧職業軍人が復帰し、事実上の再軍備の第一歩となった。1952年に**保安隊**へと改組された。

個別的自衛権 こべつてきじえいけん 【戦後】 単に自衛権とされることも多いが、自衛権には**集団的自衛権**と個別的自衛権があり、ともに国連憲章において加盟国による行使が容認されている。一般には、外国からの急迫かつ不正な侵害に対し、国家・国民の利益を防衛するためにやむを得ず一定の実力を行使して反撃し得るという国際慣習法上の権利とされている。

作戦機 さくせんき 【戦後】 航空戦力（空軍力）を計るときの目安。作戦機とは、実際に作戦に使用することが可能な爆撃機・戦闘機・攻撃機（地上を攻撃する軍用機）・偵察機・哨戒機（主に海洋を偵察し、潜水艦などを探知・追跡・攻撃する軍用機）などの総称で、ヘリコプターは含まない。

GHQ（連合国軍総司令部） じーえいちきゅう【戦後】 General Headquarters of the Supreme Commander for Allied Powers（連合国軍最高司令官総司令部）の略称。ポツダム宣言に基づいて日本の占領・管理のために1945年（昭和20年）8月設置。1952年4月まで置かれ、最高司令官は1951年4月までマッカーサー元帥、以後はリッジウェイ大将。占領政策はGHQ指令によって発せられ、日本政府を通じて実施された。GHQでは軍事面を参謀部が、非軍事面を幕僚部（民政局・経済科学局・民間情報教育局など）が担当した。

自衛隊 じえいたい【戦後】 防衛庁設置法および自衛隊法によって設置された軍事組織。前身は**保安隊**と警備隊。防衛庁本庁・**統合幕僚会議**および付属機関・陸上自衛隊・海上自衛隊・航空自衛隊・防衛施設庁の総称。1954年（昭和29年）7月防衛庁および陸・海・空の3自衛隊が発足した。直接および間

接侵略に対する防衛と国内の治安確保とを任務としているが、日米安全保障条約およびその他の諸協定により米軍と一体の防衛体制を確立し、東アジア・インド洋方面におよぶ地域におけるアメリカの軍事体制の重要な一環をになう存在となっている。

自衛隊の兵器の名称 【戦後】陸上自衛隊では、旧日本陸軍と同じように、その兵器が正式に兵器に採用（制式化）された「年」（西暦の下2桁）を名称につけている。たとえば、1990年に制式化された戦車なので90式戦車と呼称される。これは64式小銃・89式小銃といった携帯用兵器から88式地対艦誘導弾・03式中距離地対空誘導弾といったミサイル、99式自走155㎜榴弾砲（自衛隊の表記では「りゅう弾砲」）などの火砲、96式装輪装甲車や戦車にいたるまでこういった命名法がなされている。ただし、この○○式という呼称は国産兵器に限られ、輸入兵器やライセンス生産されている外国製兵器には使われない。また固有の搭載兵器のない車両についても、軽装甲機動車・高機動車・7tトラックなどという名称であり、○○式という呼称はない。

海上自衛隊でも、旧日本海軍と類似した名称の付け方をしている。たとえば、護衛艦は天象・気象（旧海軍の駆逐艦と同じ）・山岳・河川（旧海軍の巡洋艦）・地方の名、潜水艦は海象（潮流）・水中動物の名、掃海艦・掃海艇は島の名、掃海母艦は海峡の名、輸送艦は半島の名などである。しかし、名称の表記はすべてひらがなである。たとえば、護衛艦の中でも大型のヘリコプター搭載護衛艦（DDH）、「はるな」「ひえい」「しらね」「くらま」は、旧海軍の巡洋戦艦・重巡洋艦と同じく山の名、

ミサイル搭載護衛艦（DDG）でありイージス艦でもある「こんごう」「きりしま」「みょうこう」「ちょうかい」も同様である。最新の〈汎用護衛艦〉「むらさめ」型は、旧海軍の駆逐艦と同じ気象の名で、「むらさめ」「はるさめ」「ゆうだち」「きりさめ」と同系統の名前が付けられている。輸送艦は、「おおすみ」「しもきた」「くにさき」といった半島の名、潜水艦は「おやしお」「はるしお」「ゆうしお」など潮流に関する名で、これは伊号第〇〇とナンバーをつけていた旧海軍とは異なっている。一方、海上自衛隊の航空機は、旧軍とは異なり、アメリカ式の呼称をそのまま使っている。P‐3C対潜哨戒機、SH‐60K回転翼哨戒機（ヘリコプター）などがその例である。

　航空自衛隊も、旧陸海軍とは異なり、国産・ライセンス生産ともにアメリカと共通した名称を付けている。戦闘機は「F」の頭文字をつけ、F‐15J要撃戦闘機、F‐2支援戦闘機（2005年度から要撃戦闘機・支援戦闘機の区分はなくなり、単に戦闘機となった）などとなり、練習機は「T」でT‐2超音速高等練習機、警戒機は「E」でE‐2C早期警戒機、輸送機は「C」でC‐130H輸送機などである。なお、航空自衛隊は、「2次防」までは航空機ごとに、F‐104J要撃戦闘機「栄光」、F‐86F昼間戦闘機「旭光」、T‐1Aジェット練習機「初鷹」、S‐62ヘリコプター「らいちょう」といったニックネームをつけていたが、「3次防」以降に導入された航空機からは取りやめている。

『**ジェーン海軍年鑑**』　じぇーんかいぐんねんかん【戦前・戦後】
Jane's Fighing Ships　1897年にイギリスのフレッド・T・

ジェーンによって創刊された各国海軍の現状を伝える年鑑。現在まで毎年刊行され、2005 - 2006年版で第108版を数える。各国海軍の公式発表と独自の調査により、各国の艦艇の保有状況やそれぞれの艦艇の性能などについて分析するとともに、艦艇・海戦兵器のトレンドなどを紹介している。イギリス王立軍事研究所の『ミリタリーバランス』Military Balance とともに、『防衛白書』などでもしばしば引用される世界的に著名な年鑑である。

支援戦闘機 しえんせんとうき 【戦後】 地上あるいは海上戦闘を空中から銃撃・爆撃・ミサイル攻撃などによって支援する戦闘機。一般的に、戦闘爆撃機あるいは攻撃機といわれるが、自衛隊においてはこの種の軍用機を「支援戦闘機」と名付けている。航空自衛隊の現有の「支援戦闘機」は F - 1 と F - 2 である。

事前協議制 じぜんきょうぎせい 【戦後】→ 日米安全保障条約 を見よ

師団 しだん 【戦前・戦後】 陸軍の戦略単位（戦略的活動、すなわち戦争にあたるような大規模な戦闘をおこなう部隊）。規模は、国と時代によって異なるが、戦前（1930年代）の日本陸軍の師団は、原則として1個師団＝2個**旅団**（各2個歩兵連隊）＝4個歩兵**連隊**（各4個歩兵大隊）＝16個歩兵大隊（各4個歩兵中隊）＝64個歩兵中隊（各4個歩兵小隊）＝256個歩兵小隊から構成されていた（編制は、各師団によって若干異なる）。師団には、砲兵連隊・工兵連隊・輜重兵連隊が組み込まれていた。それぞれの部隊の規模（戦時における）

は、歩兵小隊＝約 60 人、歩兵中隊＝約 250 人、歩兵大隊＝約 1000 人、歩兵連隊＝約 4500 人、旅団＝約 9000 人、師団＝ 2 万 2000 人〜 2 万 5000 人である。なお、現在の自衛隊の師団は、4（ないし 3）個普通科（歩兵）連隊、1 個特科（砲兵）連隊、1 個高射特科大隊、1 個戦車大隊、1 個施設（工兵）大隊、1 個後方支援連隊、通信大隊、偵察隊、対戦車隊などから編成されていて、全体の部隊規模は 7000 人〜 9000 人である。

SIPRI シプリ 【戦後】 Stockholm International Peace Research Institute（ストックホルム国際平和研究所）の略称。ストックホルム国際平和研究所は、1966 年にスウェーデンの平和が 160 年間続いたことを記念して、軍縮促進を目的にスウェーデン議会が設立した調査研究機関で、毎年発表される SIPRI Yearbook（SIPRI 年鑑）は、世界各国の軍事費・兵器生産・兵器輸出・軍縮の状況などを分析したもので、世界中でその中立性と厳密性が高く評価されている。

集団的自衛権 しゅうだんてきじえいけん 【戦後】集団的自衛権（right of collective self‐defense）とは、**個別的自衛権**とともに国連憲章第 51 条で国連加盟国に認められた自衛権の一つ。これは、単に集団で（複数の国で）自衛することではなく、同盟関係を結んだ他国への第三国からの攻撃も無条件で自国への攻撃とみなす、ということである。たとえば、日本が韓国と集団的自衛権を行使する旨の同盟を結んでいたと仮定すると、韓国が北朝鮮から攻撃されたならば、日本は韓国への攻撃を日本への攻撃とみなして、直ちに北朝鮮と戦争状態に入る、とい

うことである。日米安保条約は、集団的自衛権なのかといえば、そうではないというのが現時点での政府見解である。日本はアメリカ合衆国と日米安全保障条約を結んでおり、密接な同盟関係にあるが、アメリカあるいはアメリカ軍への攻撃を直ちに日本への攻撃とみなして反撃するというところまでは進んでおらず（もし、そこまで進んでいたら、イラク国内で米軍が攻撃を受けるたびに、自衛隊も反米勢力への報復攻撃を行うことになる）、政府も「日本は憲法の制約上、集団的自衛権は行使できない」と説明している。しかし、最近、政府部内や自民党などからは、これを見直して、集団的自衛権を行使できるようにしようという動きが出てきている。

陣地戦 じんちせん 【戦前・戦後】 陣地を拠り所にする戦い、あるいは、隣接する陣地を取り合う戦いの様相をさす。**機動戦**・運動戦に対する言葉。陣地戦の拠り所となる陣地とは、防御手段を施し、戦闘を行うために兵員・兵器を配備した場所をいい、軍事駐屯地の一つの形態である。火力の威力が増大し、大量の兵員の動員がなされるようになった近代戦争（ナポレオン戦争以降）においては、陣地は、一般に、警戒陣地・主陣地（第一線陣地）・予備陣地（第二線陣地）・補足陣地（第三線陣地）などに分類されるようになった。日露戦争の教訓から、第1次世界大戦以降の陣地防御の主役は、鉄条網と重機関銃に、逆に、陣地突破の主役は破壊力の大きな重砲と戦車になった。

垂直離着陸機 すいちょくりちゃくりくき 【戦後】 垂直に離着陸できる固定翼航空機のことで、ヘリコプターは含まない。VTOL機（Vertical Take - off and Landing Aircraft）と

略称される。イギリスが開発したハリヤー戦闘爆撃機が代表的なもの(アメリカ海軍でもAV‐8V戦闘機として使用)。一般に、VTOL機は戦闘機としての性能は高くないとされているが、1982年のイギリス・アルゼンチンが戦ったフォークランド紛争では、軽空母からは発進したハリヤーが、フォークランド(マルビナス)諸島周辺の制空権を確保し、地上攻撃を行いイギリス軍の進攻作戦の中心的な役割を果たしたとされている。

水陸両用作戦　すいりくりょうようさくせん【戦前・戦後】陸・海・空の部隊によって行われる海上から海岸および内陸地域への上陸作戦(amphibious operation)。第2次世界大戦期のアメリカ軍によって開発・確立された作戦方法で、航空戦力による**制空権**の確保と爆撃、海上戦力による艦砲射撃などに近接して、地上戦力による上陸作戦、橋頭堡の確保、さらには内陸地域の進攻作戦が行われる。水陸両用作戦は、それを行うための専用兵器(上陸用兵器)と兵員の専門的訓練が必要なだけでなく、陸・海・空の各戦力の密接不可分の行動、上陸部隊を支えるための強力な支援能力・輸送力などが必要である。そのため、大規模な水陸両用作戦が展開できるのは、過去においても現在においてもアメリカ軍だけで、小・中規模のものはイギリス・フランス・ロシア(旧ソ連)・韓国などがその能力を持つとされている。

スカッド(scud)ミサイル【戦後】　旧ソ連が開発した地対地(地上から発射されて地上の目標を攻撃する)短距離弾道ミサイル。1970年代に東欧・北朝鮮・イラクなどに供給された。A型・B型・C型の3つのタイプがあり、射程距離はA型

207

が約180 km、B型が約290 km、C型が約500〜720 kmとされている。湾岸戦争の際にイラク側が発射したのはB型の改良型とC型である。B型・C型とも核弾頭を装備することは可能だが、イラクは核弾頭を保有せず、通常弾頭（普通の軍用爆薬をつめた弾頭。弾頭とはミサイルから切り離されて最後の目標に命中する部分のこと）による攻撃だった。

制空権 せいくうけん 【戦前・戦後】 航空戦力によって敵航空戦力を撃破あるいは抑制（出撃できないようにすること）し、特定の空域を支配すること。航空優勢ともいう。

専守防衛 せんしゅぼうえい【戦後】 文字通りの意味は、相手を攻撃することなく、もっぱら守りによって防衛することであるが、日本国憲法下における自衛隊のあり方とされる。「専守防衛」という語が最初に使われたのは、『昭和45年版・防衛白書』であるといわれている。1972年（昭和47年）10月31日の衆議院本会議において田中角栄首相（当時）も「専守防衛」が「わが国防衛の基本的な方針であり、この考えを変えるということは全くありません」と答弁している。また、1981年3月19日の参議院予算委員会において大村襄治防衛庁長官（当時）は「専守防衛とは相手から武力攻撃を受けたときに初めて防衛力を行使し、その防衛力行使の態様も自衛のための必要最小限度にとどめ、また保持する防衛力も自衛のための必要最小限度のものに限るなど、憲法の精神にのっとった受動的な防衛戦略の姿勢をいうものと考えております」と答弁している。

潜水艦発射弾道ミサイル（SLBM） せんすいかんはっしゃだ

んどうみさいる【戦後】 潜水艦から発射される長距離弾道ミサイル。SLBMは、Submarine - Launched Ballistic Missileの略。**戦略爆撃機・大陸間弾道ミサイル**とともに戦略核兵器の3本柱を構成する。1964年にアメリカがポラリスA型SLBMを、1968年にはソ連がSS - N - 6型SLBMを実戦配備した。1970年代後半以降は、SLBMとそれを搭載する戦略原子力潜水艦が米ソ核軍拡の中心となった。ICBMや戦略爆撃機は発射・出撃個所が、事前に分かっているために、軍事衛星によって常時、監視がなされており、奇襲兵器にはなりえない。その点、潜水艦から発射されるSLBMは、潜水艦の行動秘匿性に助けられて、事前に発射地点が特定できないので、米ソともに相手側の戦略原潜を最大の脅威とみなしていた。そのため、1980年代には、ミサイル戦略原潜とそれを護衛(攻撃)する攻撃型潜水艦、さらに原潜の所在を確定し、追尾し、攻撃するための兵器体系の開発・配備に力が入れられた。現在、核弾頭を搭載したSLBMを保有しているのは、アメリカ・ロシア・イギリス・フランス・中国の5か国である(2005年7月現在)。

戦争・紛争 せんそう・ふんそう 【戦前・戦後】「戦争」とは主に国家間の大規模な軍事衝突あるいは一国内の政権どうしの内戦のことを指し、「紛争」とは主に、戦争までは至らない規模の国家間・民族間の衝突・対立をさす。国際法上は、「宣戦布告」(武力発動の前に明示された開戦の宣言)がなされていれば「戦争」で、それがなければ「紛争」と区分できるが、現実には、「宣戦布告」という形式をふまないで軍事衝突が拡大する場合もあり、「戦争」と「紛争」の明確な区分は困難で

ある。なお、第2次世界大戦以前には、日本では「紛争」とは言わず、「戦争」ではない武力行使のことを「事変」と称した。

戦略原子力潜水艦（SSBN） せんりゃくげんしりょくせんすいかん【戦後】 潜水艦発射弾道ミサイルや核弾頭搭載の巡航ミサイルを搭載した原子力潜水艦のこと。戦略原潜ともいう。SSBNは、Strategic Ballistic Missile Submarine Nuclear Propulsionの略とされている。1959年に就役したアメリカのジョージ・ワシントン級潜水艦がSSBNの最初である（ただし、ポラリスA型潜SLBMの実戦配備は1964年）。原子力潜水艦は、長期間にわたる潜水行動が可能なことから、行動の秘匿性が高く、唯一、奇襲攻撃が可能な戦略核兵器のプラットホームとして1970年代後半以降、急速な発展を遂げた。現在、戦略原潜を保有しているのは、アメリカ（18隻）・ロシア（13隻）・イギリス（4隻）・フランス（4隻）・中国（1隻）の5か国である（2005年7月現在）。

戦略爆撃機 せんりゃくばくげきき 【戦前・戦後】 核兵器（核爆弾や核弾頭搭載の巡航ミサイル）を搭載できる長距離爆撃機のこと。もともと戦略爆撃機は、相手側の戦略目標（都市・工業地帯など戦力を造成する基盤）を破壊するために開発されたもので、第2次世界大戦中に使用されたアメリカ軍のB-17、B-24、B-29、イギリス軍のアブロ・ランカスターなどの防御力が強い4発爆撃機がその代表で、核兵器が開発されるとその運搬手段として重視され、新しい戦略爆撃機が開発された。**大陸間弾道ミサイル・潜水艦発射弾道ミサイル**とともに戦略核兵器の3本柱を構成したが、現在、戦略爆撃機を保有

しているのはアメリカ・ロシアの２国のみである（2005年7月現在）。

戦略兵器制限交渉（SALT） せんりゃくへいきせいげんこうしょう（そーると）【戦後】 SALT は、Strategic Arms Limitation Talks の略称。第1次戦略兵器制限交渉は米ソ間で 1969年11〜12月に予備交渉、1970年4月から本交渉が始まり、1972年5月に妥結点に達し、弾道弾迎撃ミサイル（ABM）制限条約および攻撃兵器制限暫定協定が調印された（SALT‐Ⅰ）。ABM 制限条約では ABM 配置場所を２か所（200基）に限定するとともに国外配備を禁止した。攻撃兵器制限協定では、**大陸間弾道ミサイル**および**潜水艦発射弾道ミサイル**のプラットホームである潜水艦の数の現状凍結を規定した。第2次戦略兵器制限交渉は 1972年より開始、1979年6月調印（SALT‐Ⅱ）。米ソ両国の保有する大陸間弾道ミサイルのほか戦略核兵器運搬手段の総量を制限、新型戦略核兵器の研究・開発の禁止等を協定した。アメリカ議会はこの条約を批准しなかったが、両国政府は協定順守を表明した。しかし 1986年11月、アメリカは協定の制限を越える核兵器を配備し、協定を破棄した。

戦力 せんりょく 【戦前・戦後】 一般的に戦争を遂行し得る力をさすが、日本国憲法第9条第2項は「陸海空軍その他の戦力は、これを保持しない」と定めている。政府は、この場合の〈戦力〉とは「自衛のため必要な最小限度を超えるもの」と定義している。

第一次戦略兵器制限交渉（SALT‐Ⅰ） だいいちじせんりゃくへいきせいげんこうしょう【戦後】 →　**戦略兵器制限交渉（SALT）**

を見よ。

大陸間弾道ミサイル（ICBM） たいりくかんだんどうみさいる【戦後】 射程距離 5500 km 以上の弾道ミサイルのこと。ICBM は、Inter‐Continental Ballistic Missile の略。**戦略爆撃機・潜水艦発射弾道ミサイル**とともに戦略核兵器の 3 本柱を構成する。ICBM を最初に開発したのはソ連で、1957 年 8 月に打ち上げ実験に成功した。アメリカも 1958 年 11 月にアトラス型 ICBM の開発に成功して、以後、ICBM の開発は米ソの核軍拡の中心となった。現在、核弾頭を搭載した ICBM を保有しているのは、アメリカ・ロシア・中国の 3 か国である（2005 年 7 月現在）。

中距離弾道ミサイル ちゅうきょりだんどうみさいる【戦後】 射程距離 1000 km〜5500 km の弾道ミサイルのこと。IRBM は、Intermediate Range Ballistic Missile の略。現在では、I/MRBM と表記されることが多い。中国・インド・パキスタン・イラン・イスラエル・北朝鮮などが保有している。なお、射程距離 1000 km 未満の弾道ミサイルを短距離弾道ミサイル（SRBM=Short Range Ballistic Missile）と呼ぶ。

デタント（détente）【戦後】 緊張緩和の意味。1962 年のキューバ危機を契機に使われるようになった言葉で、一般的には紛争状態から平和への移行の一局面とみなされている。特に、1973 年のベトナム和平協定から 1979 年のソ連のアフガン侵攻までの時期がデタントと呼ばれることが多い。

テポドンミサイル【戦後】 → **ノドンミサイル** を見よ

統合幕僚会議 とうごうばくりょうかいぎ【戦後】 統合幕僚

会議議長と陸上幕僚長・海上幕僚長・航空幕僚長の制服組トップ４からなる幕僚組織。防衛計画・訓練・情報収集などの統合調整、**自衛隊**の出動などに際しての指揮命令系統の調整、部隊の統合運用などに関して、最高指揮官である内閣総理大臣や総理のもとで自衛隊を統括している防衛庁長官を補佐する、とされている。

　日米安全保障条約　にちべいあんぜんほしょうじょうやく【戦後】対日平和条約（サンフランシスコ講和条約）に基づき独立後の日本の安全保障のため米軍の日本駐留を定めた条約（1951年9月調印、1952年4月発効）。1951年に調印された条約（旧安保条約）においては、日本は米国に駐留権を与えるが、駐留米軍は日本防衛の義務を負わないという片務的形式をとり、米占領軍はそのまま日本に駐在することになった。在日米軍の施設・地位等に関しては**日米行政協定**で定められた。1960年新しい条約（新安保条約）が成立し、同時に行政協定を改定した日米地位協定も発効した。新安保条約は、両国が自衛力の維持発展に努めること、日本および極東の平和と安全に対する脅威の生じた際には事前協議を行い得ること（事前協議制）、日本施政権下の領域におけるいずれか一方への武力攻撃に対しては共通に対処・行動することなど、双務条約的（軍事同盟的）性格が強められた。また期限は10年と定められ、以後は一方が終了意思を通告すれば、その1年後に失効すると定められたが、現在にいたるまで10年ごとに自動継続されている。1978年に日米安全保障協議委員会で了承された「**日米防衛協力のための指針**」は、日米共同作戦計画の基礎をなすものであり、日米

安保体制がより軍事同盟として強化され、日米の軍事一体化の進展を示すものである。なお、この間、在日米軍基地をめぐる問題も持続しているが、基地の75％が集中する沖縄基地問題の比重は大きく、その返還・縮小と日米地位協定の見直しも課題となっている。

日米行政協定　にちべいぎょうせいきょうてい【戦後】日米安全保障条約第3条に基づき、米軍に対する日本側からの便宜供与などを定めた協定（1952年調印）で、在日米軍の地位と特権等を規定している。主要な項目は、①特定施設・区域の米軍による排他的・独占的使用（第3条）、②米軍施設・区域にたいする原状回復義務・補償の回避（第4条）、③米軍艦・軍用機による港湾・空港の自由使用（第5条）、④米軍関係者の自由出入国（第9条）、⑤米軍の租税免除（第12条・第13条）、⑥軍事裁判所の専属的裁判権（第17条）、⑦米軍経費の日本側負担（第25条）などである。1960年新日米安全保障条約発効に伴い、行政協定も日米地位協定へと改定され、施設・区域の運営管理、通関、民事請求権、防衛分担金等の規定が変更された。

日米相互防衛援助（MSA）協定　にちべいそうごぼうえいえんじょきょうてい・えむえすえいきょうてい【戦後】1954年（昭和29年）3月東京で調印、同年5月1日発効。米国が日本に兵器その他の援助を約束し、日本は防衛力の増強と米国に各種の便宜を供与することを約束した。

日米地位協定　にちべいちいきょうてい【戦後】→　**日米行政協定**　を見よ

日米防衛協力のための指針（ガイドライン） にちべいぼうえいきょうりょくのためのししん【戦後】 1978年（昭和53）11月に日米安全保障協議委員会で了承された軍事作戦面を中心とする日米の行動協力の研究・協議を進めるうえでの指針（ガイドライン）。具体的には、①日本への侵略の未然防止、②日本への直接武力攻撃への対応、③極東有事の際の日米の協力の3点について基本的な考えが示された。この指針については、冷戦の終結と湾岸戦争後の状況に対応するために、1996年（平成8年）4月、日米双方の合意により見直し作業が開始され、1997年9月に新しいガイドラインが合意された。新ガイドラインでは、〈日本周辺有事〉の際の日米防衛協力が前面に出されていることがその特徴となっている。

ノドンミサイル【戦後】 北朝鮮が開発した中距離弾道ミサイル。液体燃料、射程1300 kmで、核・非核高性能爆薬・化学弾頭が搭載可能であるとされている（ただし、北朝鮮が核弾頭を搭載したミサイルを配備しているという証拠はない）。旧ソ連製の**スカッドミサイル**を土台にして1990年代に開発され、1993年に発射実験がおこなわれた。北朝鮮は、1990年代末には、ノドンを1段目に、スカッドを2段目にした射程距離1500 km以上と推定されるテポドンⅠ型ミサイルを、その後、新たに開発したブースターを1段目に、ノドンを2段目にした射程距離3500 km以上と推定されるテポドンⅡ型ミサイルを開発中であるとされているが、テポドンミサイルが完成し、実戦配備されたという証拠は今のところない（2005年8月現在）。

パトリオット（Patriot）ミサイル【戦後】 アメリカ陸軍

が開発した地対空(地上から発射されて空中の目標を攻撃する)ミサイルで、アメリカでは1985年から実戦配備されている。射程高度は、約3万mとされていて、高々度で侵入する航空機やミサイルを撃ち落とすことを目的としている。このミサイルは、日本でも1985年に航空自衛隊が導入を決定し、以後、改良2型(PAC-2)が、さらには現在では改良3型(PAC-3)の配備が進められている。なお、自衛隊では、このミサイルをパトリオットではなく「ペイトリオット」と呼んでいる。

P-3C対潜哨戒機 ぴーすりーしーたいせんしょうかいき【戦後】 1969年からアメリカ海軍が使用しているターボプロップ(プロペラ)4発の大型対潜哨戒機で、1981年から海上自衛隊が導入を始め、1997年(平成9年)までに101機が引き渡された。乗員11名、最高速度730km/h、行動半径約3000km。海上を哨戒し、潜水艦のスクリュー音を探知するためのソノブイを投下して、潜水艦を追尾し、場合によっては爆撃することができる。アメリカでは機体をロッキード社、エンジンをアリソン社が生産したが、日本では機体を川崎重工が、エンジンを石川島播磨重工がそれぞれライセンス生産した。

武力攻撃事態対処法 ぶりょくこうげきじだいたいしょほう【戦後】→ **有事法制** を見よ

保安隊 ほあんたい【戦後】 自衛隊の前身になった軍事組織。保安隊は、**警察予備隊**を発展強化させたもので、国土防衛と治安維持を任務とするされた。1952年(昭和27年)7月公布の保安庁法により保安庁のもとに設けられた。保安庁は、従来の警察予備隊と海上警備隊(**海上保安庁**の管轄下)をそれぞれ

戦争と軍事を知るための用語集

保安隊、警備隊として統一的に管理・運営した。保安隊・警備隊はそれぞれ1954年に陸上自衛隊・海上自衛隊へと再編された。

防衛出動 ぼうえいしゅつどう 【戦後】 外部からの武力攻撃やそのおそれがある場合、自衛隊法にもとづき内閣総理大臣の命令により自衛隊が出動すること。国会の承認を要する。

防衛庁 ぼうえいちょう【戦後】 自衛隊を管理・運営し、これに関する事務をおこなう中央行政機関。前身は保安庁。防衛庁は1954年（昭和29年）7月、防衛庁設置法にもとづき総理府の外局として設置された。防衛庁長官には国務大臣があたり、内部部局と陸上幕僚監部・海上幕僚監部・航空幕僚監部・**統合幕僚会議**（事務局・情報本部・統合幕僚学校）を統括する。また、外局として防衛施設庁をもち、在日米軍関係の事務、基地周辺の住民対策を分担させている。一般の自衛官はすべて防衛庁の職員であるが、防衛大学校、防衛医科大学校の生徒および予備自衛官は、防衛庁の定員外職員という扱いになっている。防衛本庁には長官のもとに副長官・政務次官・事務次官・長官政務官・防衛参事官が置かれ、長官の文民統制を補佐している。内部部局（内局）としては、長官官房・防衛局・運用局・人事教育局・管理局があり、防衛政策の検討と自衛隊の管理・運営、関連事務にあたっている。とりわけ、長官官房と防衛局は内局の中枢にあたる。本庁に置かれた陸上・海上・航空幕僚監部の長である陸上幕僚長・海上幕僚長・航空幕僚長は、各自衛隊の隊務に関する最高の軍事的助言者として防衛庁長官を補佐する立場にある。長官は、自衛隊の隊務を統括するが、自衛

隊の部隊および機関に対する指揮監督は各幕僚長を通じて行なうべきものとされ、幕僚長の職務は長官の命令を執行することにある。また、本庁には陸・海・空幕僚長と専任の統合幕僚会議長からなる統合幕僚会議がおかれ、陸・海・空の全般にわたる防衛計画の調整や統合部隊の出動などについて長官を補佐する体制になっている。

『丸』 まる【戦後】 1948年3月創刊、潮書房／光人社発行の軍事マニア・戦争史マニアのための代表的な月刊雑誌。通巻700号を越える。

ミサイル 【戦後】 ロケットエンジンあるいはジェットエンジンなどの推進装置を備え、弾頭を装着し、各種の誘導装置を持つ飛翔兵器。誘導弾ともいう。発射地点によって、地上発射ミサイル、海上（水中）発射ミサイル、空中発射ミサイルに分類できる。また、目標によって、地対地（艦）ミサイル、地対空ミサイル、空対空（艦）ミサイルなどに区別する。さらに、誘導方式によって、主として慣性誘導方式の弾道ミサイル（ICBM・I/MRBM・SRBM）、各種の追尾誘導式の対艦ミサイル・対空ミサイル・対戦車ミサイル（ATM）などがあり、ジェットエンジンを推進装置とし、地形照合などの精密誘導方式を採用した巡航ミサイルがある。

三菱重工業 みつびしじゅうこうぎょう【戦前・戦後】 戦前から戦後を通じての日本における最大の軍需生産企業。戦前においては、**零式艦上戦闘機**（ゼロ戦）や戦艦「**武蔵**」を建造したので有名。防衛庁が契約する企業としては、つねに契約高第1位の座を占めている。たとえば、2003年度（平成15年度）

の場合、防衛庁の総発注額（落札金額）1兆2737億円のうち三菱重工業は、2817億円（22.1％）を受注している。2002年度においても3481億円を受注し、全体の27.2％を占めていた。主な生産兵器は、**F-2支援戦闘機**、**イージス艦**「こんごう」「きりしま」「みょうこう」と現在建造中の「改こんごう」型ミサイル搭載護衛艦（イージス艦）、**パトリオットミサイル**、SH-60K哨戒ヘリコプター、90式戦車、97式魚雷など。

靖国神社　やすくにじんじゃ【戦前・戦後】　軍人戦没者の霊を合祀し、戦前には陸・海軍省が所管した特殊神社。1869年（明治2年）東京九段坂上に戊辰戦争の官軍戦死者慰霊のために建てられた東京招魂社に始まり、1879年に靖国神社と改称された。社格は、別格官幣社とされ、陸・海軍省が所管し、宮司には退役陸軍大将があたり、運営費は陸軍省予算から支出、警備には憲兵があたった。同社の事実上の地方分社として、招魂社（1939年以降は護国神社）があった。靖国神社は、安政の大獄以来の国事殉難者と以後の軍人戦死者を「護国の英霊」として合祀し、祭神（合祀された戦没者）は、246万6000余柱にのぼる。祭神の数は、靖国神社によれば、日清戦争1万3600余、日露戦争8万8400余、「満洲事変」1万7100余、「支那事変」19万1200余、「大東亜戦争」213万3600余と分類されている。祭られている戦没者は、「戦死」が公認された軍人・軍属の戦死者・戦病死者（餓死を含む）であるが、本土空襲などで死亡したほとんどの民間人は含まれていない。戦後、BC級戦犯裁判で刑死した軍人・軍属を、1978年（昭和53年）には、国際極東軍事裁判によって刑死・獄死したA級

戦犯14名を合祀している。靖国神社では、アジア太平洋戦争敗戦まで、例大祭は春秋2季、別に新祭神（戦没者）の合祀祭として臨時大祭が行われた。例大祭には勅使が派遣され、臨時大祭には天皇が親拝した。同社に「英霊」として祭られることは、天皇と国家への忠誠の模範であり、最高の栄誉とされた。戦死を無条件で神聖化する同社は、戦前の軍国主義を支える重要な装置の一つであった。戦後、靖国神社は東京都知事認証の単立宗教法人となったが、一部の保守政治勢力は同社の国家管理をめざし、1969年には靖国神社法案を上程したが成功しなかった。軍国主義と戦争政策を支えた戦前の同社の性格から、1985年の中曽根康弘首相と閣僚の公式参拝には国内とアジア諸国から強い批判があった。

有事法制 ゆうじほうせい【戦後】 有事に対処するための法制度を定めた法律。有事とは、戦争あるいは差し迫った戦争の危機をいう。2003年（平成15年）、自衛隊法改正、武力攻撃事態対処法制定、安全保障会議設置法改正がおこなわれ、戦後日本で初めて有事法制が成立した。まず、自衛隊法改正では、多くの既存法令の「特例措置」（戦時特例）を自衛隊法で規定するというやり方をとっている。武力攻撃事態対処法は、有事法制の中核にすえられたもので、「武力攻撃事態」が生じた際の自衛隊の行動を定めるとともに、法律自体で新たな「事態対処法制」の整備をうたっており、新たな有事法制を次々と生み出す装置となっている。安全保障会議設置法改正は、武力攻撃事態対処法と連動して内閣総理大臣への権限集中を規定したものである。

要撃戦闘機　ようげきせんとうき【戦後】　制空権を確保するために相手側の戦闘機を撃墜することを主たる任務とする戦闘機のこと。上昇力・加速性能に優れていることが求められる。主力戦闘機と呼称される場合もある。

揚陸艦　ようりくかん【戦後】　水陸両用作戦において上陸作戦を実施するための軍艦。輸送艦でありなおかつ上陸作戦を実施、支援する戦闘力を有する。現在、揚陸艦には、作戦を指揮するための揚陸指揮艦、上陸作戦を実施するための垂直離着陸機あるいはヘリコプターを搭載する強襲揚陸艦（Amphibious Assault Ship）、ヘリコプターとエアクッション型揚陸艇（LCAC／ホーバークラフト式の上陸艇）を搭載するドック型揚陸艦（Amphibious Transport Dock）、戦車揚陸艦などがある。

吉田茂　よしだしげる【戦前・戦後】　1878〜1967年（明治11〜昭和42年）昭和期の外交官・政治家、竹内綱の五男、吉田健三の養子、牧野伸顕の女婿。東大卒。外務省に入り、奉天総領事、駐伊・駐英大使、外務次官などを歴任。対中国強硬論者であったが、英米協調派として軍部から排斥された。1946年（昭和21年）組閣工作中に公職追放となった鳩山一郎に代わって第1次内閣を組織し、その後、一時期を除き1954年まで政権を担当した。GHQの要求を容れて再軍備を実行するともに、サンフランシスコ講和条約におけるアメリカ陣営との単独講和を行い日米安保体制の基本線を敷いた。また、池田勇人・佐藤栄作らの戦後の官僚出身「保守本流」政治家を育てたことでも知られる。

ライセンス生産 らいせんすせいさん【戦後】 license production 他の企業が開発した製造技術をそのまま使い、許可料を支払って製品を生産する方式。日本の軍需産業においてもアメリカなどの兵器産業が開発したものをライセンス生産しているものも多い。例えば、陸上自衛隊の90式戦車の主砲（120㎜）はドイツのラインメタル社製であるが、日本製鋼所がライセンス生産している。

旅団 りょだん【戦前・戦後】 → 師団 を見よ

連隊 れんたい【戦前・戦後】 → 師団 を見よ（正式には聯隊と書く）

おわりに ——あらためて９条の重要性を訴える——

◆結局、憲法第９条はお題目にすぎないのか？

　この本の「はじめに」で、私はこの本の目的について、ふだん「戦争には反対だ」「自衛隊の海外派遣には問題があるのでは」と思っているけれども、いざ、戦争や軍事問題について発言しようとすると、「どうも自信がない」「どのように見たらわからない」という人のために、現代の戦争や軍事問題を考えるための基礎的な知識と見方を提供しようとするもの、と述べました。現代の軍事問題と過去の戦争・軍拡の歴史について私なりに説明してきたつもりです。

　しかし、この本を読んでも「憲法第９条は確かに人類の理想かもしれないが、現実に、それにを有名無実にする動きがこれほどまで進んでいる以上、むしろ、その現実にあわせて憲法の方を変えた方がいいのでは？」と思っておられる方もいるのではないでしょうか。憲法第９条は、一種のお題目で、現実の政治や外交には役に立たないと主張する人たちもいます。けれども、第９条は、決して有名無実な存在であったわけではないのです。

　この本でも見てきたように、自衛隊は、現在では世界有数の軍事力に成長してきましたが、それでも政府は、第９条が存在しているために、自衛隊を軍隊あるいは〈戦力〉とは呼べ

ず、〈専守防衛〉が日本の国家防衛の基本理念であり、保有できる「防衛力」も「自衛のための必要最小限度のものに限る」と表明せざるをえませんでした。防衛庁も『防衛白書』などで「自衛のための必要最小限度」を越えるとみなされる核兵器、ICBMやSLBMなどの弾道ミサイル、戦略爆撃機、攻撃型航空母艦などの保有はできないと自ら言明してきました。一般にイメージする「自衛のための必要最小限度」とこれらアメリカ・ロシアなどの超大国しか保有しない大量破壊を可能とする兵器ではあまりにも大きな隔たりがありますが、現在の日本の経済力と技術水準だけからみれば、日本がこれらの強力な兵器を保有してもおかしくはないのです。もちろん、国民の世論がそれを阻止しようとするでしょうし、日米安保条約を結んでいるアメリカが、このような日本の無制限の軍事大国化を容認するとも思えません。それでも、核兵器は持たないにしても、日本の技術水準をもってすれば、非核弾頭を搭載した優秀な弾道ミサイルあるいは精密誘導が可能な巡航ミサイル、中小規模の上陸作戦を行うための軽空母を中核とする小機動部隊、中国の人口密集地域と朝鮮半島・極東ロシアを行動半径に入れることができる戦闘爆撃機(あるいはステルス爆撃機)と精密誘導爆弾などを国産技術で作り上げることは可能です。

　よく「日米安保条約が日本の軍事大国化の歯止めになっている」という人がいますが、アメリカのアジアの同盟国である韓国や台湾は、北朝鮮や中国の〈脅威〉に備えるという名目でかなり攻撃的な戦力を保有していることを考えれば、アメリカと同盟することが「歯止め」になると考えるのは正しくないで

しょう。とすれば、日本の軍備拡張に一定の歯止めをかけているのは、日本国内とアジアの世論であり、その日本の世論を支えている最大の柱が憲法第9条であるということになるでしょう。決して、第9条はお題目にすぎなかったわけではなく、確かに日本の軍拡と対外政策にとって大きな歯止めとなってきたのです。

◆海外派兵の歯止めとなってきた第9条

憲法第9条は、無制限の軍備拡張に対する強力な歯止めとなってきただけでなく、海外派兵の歯止めとなってきました。第2次世界大戦後にアジアでアメリカが関わった大きな戦争である朝鮮戦争とベトナム戦争へは、まがりなりにも軍事力の派遣を阻んできたのは、9条の制約があったからです。もっとも、朝鮮戦争の際には、掃海活動に参加させられましたので、へたをすると既成事実が重ねられて、日本の自衛のためにも必要だ、といった論理で海外派兵の道が開かれかねない可能性はあったわけですが、これを未然に防いだのはやはり9条の力であったといってよいでしょう。

1980年10月に政府は、自衛隊の海外派遣（派兵）について「他国の領土・領海・領空に武装した部隊を派遣する海外派兵は、自衛のための必要最小限度を超え、憲法上許されない」[1]と答弁しています。それでも自衛隊部隊の国連のPKO（平和維持活動）への関与は、「派兵」ではないのかという疑問が湧いてきますが、PKO協力法案の審議をした際に、政府は、国連のPKOには参加するのではなく「協力」するのであるか

ら、それは海外派兵にはあたらないという苦しい見解を示しました。1990年10月における国連平和協力隊への参加と協力についての政府統一見解は次のようなものでした。

> 「参加」とは当該「国連軍」の司令官の指揮下に入り、その一員として行動することを意味し、……自衛のための必要最小限度の範囲を超えるものであって、憲法上許されないと考えている。これに対し、「協力」とは、「国連軍」に対する右の「参加」を含む広い意味での関与形態を表すものであり、……「参加」に至らない各種の支援をも合むと解される。……当該「国連軍」の武力行使と一体とならないようなものは憲法上は許されると解される[2]。

つまり、PKOへの「参加」(国連軍の指揮下にはいること)は「自衛のための最小限度の範囲を超え」るので憲法上許されないが、武力行使ではない「協力」ならば許されるという論理です。その後、国連のPKOではない、アメリカによるイラク戦争にまで、日本の自衛隊は派遣されることになりましたが、それでも政府は「復興人道支援」といった〈大義名分〉を掲げなければなりませんでした。

このように見てみると、憲法第9条による自衛隊の海外派遣への拘束力は、次第に弛みつつあることは確かで、いよいよ限界に近いところまで来ているわけですが、それでも9条があるからこそ、アメリカの強い要請にもかかわらず、自衛隊の任務には一定の枠をはめることが可能なのです。

おわりに

◆「現実」にあわせて第９条を変えてもよいのか？

　それでは改めて、この「おわりに」の冒頭にかかげた「現実にあわせて憲法の方を変えた方がいいのでは？」という問いに答えて、本書の結びにしたいと思います。この本で述べてきたことを思い出していただければ、日本の軍事力の「現実」というものは、およそ〈専守防衛〉とか「自衛のための必要最小限度」といったレベルを超えたものになってしまっています。また、その軍事力の「現実」というのは、冷戦終結後にも、湾岸戦争後にも、なんらの国民的な議論を経ないままに、なし崩し的に構築された「現実」なのです。つまり自衛隊は、1980年代までのアメリカよる対ソ連戦争への分担という大前提で構築された軍事力を、状況が変化したにもかかわらず、抜本的に改編することなく、湾岸戦争以降の新情勢に対応して、中東・ペルシャ湾方面への長距離展開能力を上乗せするという形で、軍事力を増強してきたのです。冷戦時代に構築されたかなり強力ではあるがきわめていびつな（対ソ戦に特化した）軍事力をほぼそのままにして、今度は、アメリカに協力して長距離海外展開しようという、これまたゆがんだ（日本そのものの防衛とはかけ離れた）軍事力が上乗せされているわけですから、このような「現実」にあわせて、原理・原則である第９条の方を変更することは、たいへんな間違いを引き起こす恐れがあります。私たちは、「現実」にあわせて原理・原則を変えるのでは、異常な形で膨らんでしまった「現実」の軍事力の方こそを変えなければならないのです。

ゆがんだ「現実」の中には、在日米軍基地の問題も含まれています。私は、米ソ冷戦の産物である日米安保条約（軍事同盟）を維持している必然性はもはやなくなったと見ています。もはやアメリカとの間の二国間安全保障＝軍事同盟にこだわる理由はなく、そうなると当然、対米従属と二国間同盟の産物である米軍基地は撤収すべきです。米軍基地は、安保条約を唯一の根拠としているのですから、安保条約の廃棄によって、米軍基地をなくすことは可能です。

　しかし、日米安保がなくなり、米軍基地もなくなれば、アジア諸国は日本の軍事大国化を憂慮することはまちがいなく、そのためには、国連を媒介にしたアジア諸国（アメリカを含んでもよいが）との多角的な安全保障体制（不可侵保障）の枠組みを構築しながら、これまでに巨大化してしまった日本の軍事力を段階的に縮小していくことが必要です。「非武装中立」という考えは、理念としては理想的なものですが、日本一国でそれを実現するのは現時点では難しく、国連を舞台として、アジアレベルでの軍縮を実現していかなければなりません。その際にも、日本はアジアで最大の軍事費を投入している国家なのですから、軍縮の先鞭をつける役割を果たすべきです。

　もちろん、現実問題として、日米安保条約の廃棄（米軍基地の撤収）はアメリカがすぐには応じないでしょうが、要は、自国の外交と安全保障は自分たちで決するという政治の在り方をつくる（有権者としてそういった意志表示をする）ということにかかっているのだと考えます。もちろん、ここで重要なのは、安保と在日米軍基地をなくしても、日本が独自に軍事大国化し

おわりに

ないということであり、そのためには、私たちが軍事という厄介なものを十分に政治的にコントロールするだけの知識と力量を身につけていくことが求められていると思います。

　現在の日本の軍事力は、シビリアンコントールによって統制されているといわれますが、実際には、国会ですらその拡大に明確な歯止めをかけられない状態ですし、多くの国民は自衛隊の軍備拡張の方向性について全く知らされていないのが実情です。軍事というものは、優秀な専門家にお任せしておけばよい、という分野ではありません。膨大な税金を投入して、どのような軍事力を維持し、あるいは拡大させようとしているのか、私たち自身がコントロールしていなければならないのです。その軍事をコントロールするだけの知識と力量を作り上げていくうえで、この本が少しでもお役に立てれば、筆者としてはこれ以上の喜びはありません。

　末筆ながら、この本の刊行にご尽力くださった、花伝社の柴田章氏にお礼を申し上げます。柴田氏の助言と激励がなければ、この本はまったく形になりませんでした。

（1）『平成17年版　防衛白書』(防衛庁、2005年) 600頁。
（2）　同前、606-607頁。

山田　朗（やまだ　あきら）
1956年　大阪府豊中市生まれ
1979年　愛知教育大学卒業
1985年　東京都立大学大学院博士課程単位取得退学、東京都立大学人文学部助手
1994年　明治大学文学部助教授
1999年　明治大学文学部教授

専　攻　日本近現代史、軍事史、天皇制論、歴史教育論

おもな著書
『昭和天皇の戦争指導』昭和出版、1990年
『大元帥・昭和天皇』新日本出版社、1994年
『軍備拡張の近代史――日本軍の膨脹と崩壊』吉川弘文館、1997年
『歴史修正主義の克服――ゆがめられた＜戦争論＞を問う』高文研、2001年
『昭和天皇の軍事思想と戦略』校倉書房、2002年

護憲派のための軍事入門

2005年10月20日　初版第1刷発行

著者―― 山田　朗
発行者―― 平田　勝
発行―― 花伝社
発売―― 共栄書房
〒101-0065　東京都千代田区西神田2-7-6 川合ビル
電話　　　03-3263-3813
FAX　　　03-3239-8272
E-mail　　kadensha@muf.biglobe.ne.jp
URL　　　http://www1.biz.biglobe.ne.jp/~kadensha
振替――　00140-6-59661
装幀――　廣瀬　郁・稲垣結子
印刷・製本　モリモト印刷株式会社

ⓒ2005　山田　朗
ISBN4-7634-0451-2 C0036

花伝社の本

悩める自衛官
―自殺者急増の内幕―

三宅勝久
定価（本体1500円＋税）

●イラク派遣の陰で
自衛官がなぜ借金苦？　自衛隊内に横行するイジメ・暴力・規律の乱れ……。「借金」を通して垣間見えてくる、フツウの自衛官の告白集。その心にせまる。

希望としての憲法

小田中聰樹
定価（本体1800円＋税）

●日本国憲法に未来を託す
危機に立つ憲法状況。だが私たちは少数派ではない！　日本国憲法の持つ豊かな思想性の再発見。憲法・歴史・現実。本格的化する憲法改正論議に憲法擁護の立場から一石を投ずる評論・講演集。

放送中止事件50年
―テレビは何を伝えることを拒んだか―

メディア総合研究所　編
定価（本体800円＋税）

●闇に葬られたテレビ事件史
テレビ放送開始から50年。テレビはいまや日本で最も影響力のあるメディアになった。だが、その急成長の過程で、テレビはどのような圧力を受け何を伝えてこなかったか？　テレビの闇に迫る。

あぶない教科書NO！
―もう21世紀に戦争を起こさせないために―

「子どもと教科書全国ネット21」事務局長
俵　義文
定価（本体800円＋税）

●歴史教科書をめぐる黒い策動を徹底批判
議論沸騰！　中学校歴史教科書の採択。歴史を歪曲し戦争を賛美する危ない教科書を子どもに渡してはならない。私たちは、子どもたちにどのような歴史を伝え学ばせたらよいのか。

民衆から見た罪と罰
―民間学としての刑事法学の試み―

村井敏邦
定価（本体2400円＋税）

●犯罪と刑罰の根底にある民衆の法意識の探求。古今東西の民衆に流布され、広く読まれた説話・芸能・文学などのなかに、それぞれの時代と地域の民衆の犯罪観、刑罰観をさぐり、人権としての「罪と罰」の在り方を論じたユニークな試み。

若者たちに
何が起こっているのか

中西新太郎
定価（本体2400円＋税）

●社会の隣人としての若者たち
これまでの理論や常識ではとらえきれない日本の若者・子ども現象についての大胆な試論。世界に類例のない世間間の断絶が、なぜ日本で生じたのか？　消費文化・情報社会の大海を生きる若者たちの喜びと困難を描く。